조리종사원 및 중국요리에 관심을 가진 분들을 위한

최신 중식조리

한재원·김덕한·김문호
김태인·박재문·하태기

백산출판사

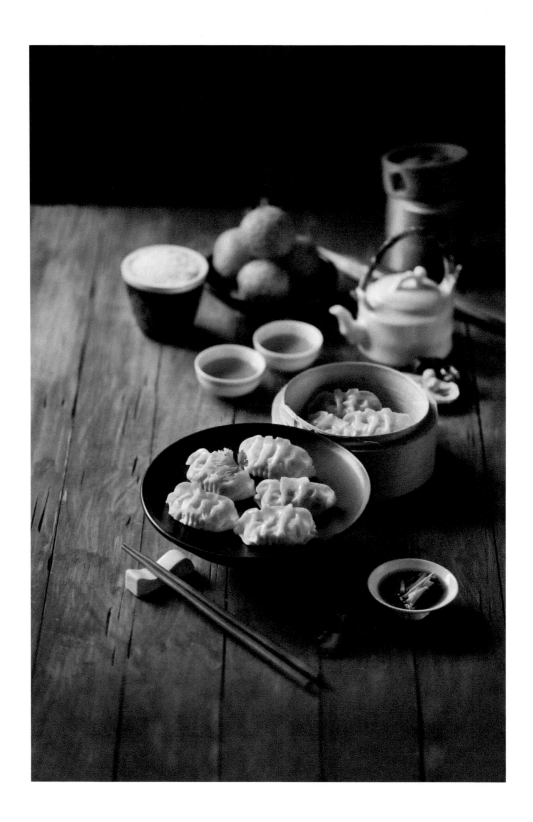

서문

　중국은 중화 5천 년의 오랜 역사를 가졌다고 이야기한다. 중화사상은 소수민족으로 이루어진 중국을 하나로 묶는 역할과 더불어 세상의 중심은 중국이라는 자부심을 심어준다.

　중국의 역사에서 보면 많은 왕조의 교체와 전쟁이 있었으며 이에 요리 역시 매우 빠르게 발전했지만 한편으로는 매우 느리게 성장한 측면도 있다. 그렇지만 중국의 음식문화는 세계에서 가장 화려하고 먹거리가 풍부한 나라 가운데 하나이다. 중국의 넓은 영토와 다양한 기후는 많은 식재료를 요리에 응용할 수 있는 계기가 되었으며, 날아다니는 비행기와 책상을 제외하고는 모두 식재료로 응용할 수 있다는 말이 있을 정도로 먹거리에 활용되는 식재료의 종류도 매우 풍부하며 다양한 소스의 접목과 새로운 조리법의 다양한 개발은 중국요리를 전 세계 음식으로 바꿔놓는 계기가 되기도 하였다. 현재 중국은 개혁과 개방으로 인하여 빠른 경제성장을 이루고 있으며 이에 발맞춰 음식 역시 서구화와 전통의 공존을 병행하고 있다. 또한 최근에는 건강에 대한 관심의 증가로 기름지고 느끼한 맛이 있는 중국음식도 기름을 적게 사용하고 담백한 음식으로 바뀌기도 하며 먹는 것과 약은 하나의 뿌리에 근간을 두고 있다는 약식동원의 사상 속에서 약선과 같은 건강식에 많은 관심을 보이고 있기도 하다.

　이 책이 중국의 음식문화에 대하여 이론적으로 알아야 할 부분과 조리실무 현장에서 필요한 부분들을 다루고 있기에 조리종사원이나 중국요리에 관심을 가진 분들에게 도움이 되리라 생각한다.

　많은 노력에도 불구하고 아쉽고 미진한 부분이 있지만 연구를 통하여 계속해서 수정 보완하여 중국요리에 대한 궁금증과 이에 대한 해법을 제시하겠습니다.

저자 한재원

차례

PART 01 이론편

실기편

PART 03 **고급요리**

중식조리기능사
실기시험 안내

1. 위생상태 및 안전관리 세부기준 안내

순번	구분	세부기준
1	위생복 상의	• 전체 흰색, 손목까지 오는 긴소매 – 조리과정에서 발생 가능한 안전사고(화상 등) 예방 및 식품위생(체모 유입 방지, 오염도 확인 등) 관리를 위한 기준 적용 – 조리과정에서 편의를 위해 소매를 접어 작업하는 것은 허용 – 부직포, 비닐 등 화재에 취약한 재질이 아닐 것, 팔토시는 긴팔로 불인정 • 상의 여밈은 위생복에 부착된 것이어야 하며 벨크로(일명 찍찍이), 단추 등의 크기, 색상, 모양, 재질은 제한하지 않음(단, 핀 등 별도 부착한 금속성은 제외)
2	위생복 하의	• 색상·재질무관, 안전과 작업에 방해가 되지 않는 긴바지 – 조리기구 낙하, 화상 등 안전사고 예방을 위한 기준 적용
3	위생모	• 전체 흰색, 빈틈이 없고 바느질 마감처리가 되어 있는 일반 조리장에서 통용되는 위생모(모자의 크기, 길이, 모양, 재질(면·부직포 등)은 무관)
4	앞치마	• 전체 흰색, 무릎 아래까지 덮이는 길이 – 상하일체형(목끈형) 가능, 부직포·비닐 등 화재에 취약한 재질이 아닐 것
5	마스크	• 침액을 통한 위생상의 위해 방지용으로 종류는 제한하지 않음(단, 감염병 예방법에 따라 마스크 착용 의무화 기간에는 '투명 위생 플라스틱 입가리개'는 마스크 착용으로 인정하지 않음)
6	위생화 (작업화)	• 색상 무관, 굽이 높지 않고 발가락·발등·발뒤꿈치가 덮여 안전사고를 예방할 수 있는 깨끗한 운동화 형태
7	장신구	• 일체의 개인용 장신구 착용 금지(단, 위생모 고정을 위한 머리핀 허용)
8	두발	• 단정하고 청결할 것, 머리카락이 길 경우 흘러내리지 않도록 머리망을 착용하거나 묶을 것
9	손 / 손톱	• 손에 상처가 없어야 하나, 상처가 있을 경우 보이지 않도록 할 것(시험위원 확인하에 추가 조치 가능) • 손톱은 길지 않고 청결하며 매니큐어, 인조손톱 등을 부착하지 않을 것

순번	구분	세부기준
10	폐식용유 처리	• 사용한 폐식용유는 시험위원이 지시하는 적재장소에 처리할 것
11	교차오염	• 교차오염 방지를 위한 칼, 도마 등 조리기구 구분 사용은 세척으로 대신하여 예방할 것 • 조리기구에 이물질(예, 테이프)을 부착하지 않을 것
12	위생관리	• 재료, 조리기구 등 조리에 사용되는 모든 것은 위생적으로 처리하여야 하며, 조리용으로 적합한 것일 것
13	안전사고 발생 처리	• 칼 사용(손 빔) 등으로 안전사고 발생 시 응급조치를 하여야 하며, 응급조치에도 지혈이 되지 않을 경우 시험진행 불가
14	눈금표시 조리도구	• 눈금표시된 조리기구 사용 허용 (실격 처리되지 않음, 2022년부터 적용) (단, 눈금표시에 재어가며 재료를 써는 조리작업은 조리기술 및 숙련도 평가에 반영)
15	부정 방지	• 위생복, 조리기구 등 시험장 내 모든 개인물품에는 수험자의 소속 및 성명 등의 표식이 없을 것(위생복의 개인 표식 제거는 테이프로 부착 가능)
16	테이프 사용	• 위생복 상의, 앞치마, 위생모의 소속 및 성명을 가리는 용도로만 허용

※ 위 내용은 안전관리인증기준(HACCP) 평가(심사) 매뉴얼, 위생등급 가이드라인 평가 기준 및 시행상의 운영사항을 참고하여 작성된 기준입니다.

2. 위생상태 및 안전관리에 대한 채점기준 안내

순번	세부기준
1. 위생복(상/하의), 위생모, 앞치마, 마스크 중 한 가지라도 미착용한 경우 2. 평상복(흰티셔츠, 와이셔츠), 패션모자(흰털모자, 비니, 야구모자) 등 기준을 벗어난 위생복을 착용한 경우	실격 (채점대상 제외)
3. 위생복(상/하의), 위생모, 앞치마, 마스크를 착용하였더라도 • 무늬가 있거나 유색의 위생복 상의·위생모·앞치마를 착용한 경우 • 흰색의 위생복 상의·앞치마를 착용하였더라도 부직포, 비닐 등 화재에 취약한 재질의 복장을 착용한 경우 • 팔꿈치가 덮이지 않는 짧은 팔의 위생복을 착용한 경우 • 위생복 하의의 색상, 재질은 무관하나 짧은 바지, 통이 넓은 힙합스타일 바지, 타이츠, 치마 등 안전과 작업에 방해가 되는 복장을 착용한 경우 • 위생모가 뚫려 있어 머리카락이 보이거나, 수건 등으로 감싸 바느질 마감 처리가 되어 있지 않고 풀어지기 쉬워 일반 조리장용으로 부적합한 경우 4. 이물질(예, 테이프) 부착 등 식품위생에 위배되는 조리기구를 사용한 경우	'위생상태 및 안전관리' 점수 전체 0점

순번	세부기준
5. 위생복(상/하의), 위생모, 앞치마, 마스크를 착용하였더라도 • 위생복 상의가 팔꿈치를 덮기는 하나 손목까지 오는 긴소매가 아닌 위생복(팔토시 착용은 긴소매로 불인정), 실험복 형태의 긴 가운, 핀 등 금속을 별도 부착한 위생복을 착용하여 세부기준을 준수하지 않았을 경우 • 테두리선, 칼라, 위생모 짧은 창 등 일부 유색의 위생복 상의·위생모·앞치마를 착용한 경우 (테이프 부착 불인정) • 위생복 하의가 발목까지 오지 않는 8부바지 • 위생복(상/하의), 위생모, 앞치마, 마스크에 수험자의 소속 및 성명을 테이프 등으로 가리지 않았을 경우 6. 위생화(작업화), 장신구, 두발, 손/손톱, 폐식용유 처리, 안전사고 발생처리 등 '위생상태 및 안전관리 세부기준'을 준수하지 않았을 경우 7. '위생상태 및 안전관리 세부기준' 이외에 위생과 안전을 저해하는 기타사항이 있을 경우	'위생상태 및 안전관리' 점수 일부 감점

※ 위 기준에 표시되어 있지 않으나 일반적인 개인위생, 식품위생, 주방위생, 안전관리를 준수하지 않을 경우 감점처리 될 수 있습니다.

※ 수도자의 경우 제복 + 위생복 상의/하의, 위생모, 앞치마, 마스크 착용 허용

3. 수험자 지참준비물

번호	재료명	규격	단위	수량	비고
1	가위	–	EA	1	
2	계량스푼	–	EA	1	
3	계량컵	–	EA	1	
4	국대접	기타 유사품 포함	EA	1	
5	국자	–	EA	1	
6	냄비	–	EA	1	시험장에도 준비되어 있음
7	도마	흰색 또는 나무도마	EA	1	시험장에도 준비되어 있음
8	뒤집개	–	EA	1	
9	랩	–	EA	1	
10	마스크	–	EA	1	* 위생복장(위생복·위생모·앞치마·마스크)을 착용하지 않을 경우 채점대상에서 제외(실격)됩니다
11	면포/행주	흰색	장	1	

번호	재료명	규격	단위	수량	비고
12	밥공기	–	EA	1	
13	볼(bowl)	–	EA	1	
14	비닐백	위생백, 비닐봉지 등 유사품 포함	장	1	
15	상비의약품	손가락골무, 밴드 등	EA	1	
16	쇠조리(혹은 체)	–	EA	1	
17	숟가락	차스푼 등 유사품 포함	EA	1	
18	앞치마	흰색(남녀공용)	EA	1	* 위생복장(위생복·위생모·앞치마·마스크)을 착용하지 않을 경우 채점대상에서 제외(실격)됩니다
19	위생모	흰색	EA	1	* 위생복장(위생복·위생모·앞치마·마스크)을 착용하지 않을 경우 채점대상에서 제외(실격)됩니다
20	위생복	상의-흰색/긴소매, 하의-긴바지(색상 무관)	벌	1	* 위생복장(위생복·위생모·앞치마·마스크)을 착용하지 않을 경우 채점대상에서 제외(실격)됩니다
21	위생타월	키친타월, 휴지 등 유사품 포함	장	1	
22	이쑤시개	산적꼬치 등 유사품 포함	EA	1	
23	접시	양념접시 등 유사품 포함	EA	1	
24	젓가락	–	EA	1	
25	종이컵	–	EA	1	
26	종지	–	EA	1	
27	주걱	–	EA	1	
28	집게	–	EA	1	
29	칼	조리용 칼, 칼집 포함	EA	1	
30	호일	–	EA	1	
31	프라이팬	–	EA	1	시험장에도 준비되어 있음

1. 지참준비물의 수량은 최소 필요수량이므로 수험자가 필요시 추가지참 가능합니다.

2. 지참준비물은 일반적인 조리용을 의미하며, 기관명, 이름 등 표시가 없는 것이어야 합니다.

3. 지참준비물 중 수험자 개인에 따라 과제를 조리하는 데 불필요하다고 판단되는 조리기구는 지참하지 않아도 됩니다.

4. 지참준비물 목록에는 없으나 조리에 직접 사용되지 않는 조리 주방용품(예, 수저통 등)은 지참 가능합니다.

5. 수험자 지참준비물 이외의 조리기구를 사용한 경우 채점대상에서 제외(실격)됩니다.

6. 위생상태 세부기준은 큐넷 – 자료실 – 공개문제에 공지된 "위생상태 및 안전관리 세부기준"을 참조하시기 바랍니다.

중식조리기능사
출제기준(실기)

직무분야	음식서비스	중직무분야	조리	자격종목	중식조리기능사	적용기간	2023.1.1.~ 2025.12.31.

- **직무내용** : 중식메뉴 계획에 따라 식재료를 선정, 구매, 검수, 보관 및 저장하며 맛과 영양을 고려하여 안전하고 위생적으로 음식을 조리하고 조리기구와 시설관리를 수행하는 직무이다.
- **수행준거** : 1. 중식조리작업 수행에 필요한 위생관련지식을 이해하고 주방의 청결상태와 개인위생·식품위생을 관리하여 전반적인 조리작업을 위생적으로 수행 할 수 있다.
  2. 중식 기초 조리작업 수행에 필요한 조리 기능 익히기를 활용할 수 있다.
  3. 적합한 식재료를 절이거나 무쳐서 요리에 곁들이는 음식을 조리할 수 있다.
  4. 육류나 가금류·채소류를 이용하여 끓이거나 양념류와 향신료를 배합하여 조리할 수 있다.
  5. 육류·갑각류·어패류·채소류·두부류 재료 특성을 이해하고 손질하여 기름에 튀겨 조리 할 수 있다.
  6. 육류·생선류·채소류·두부에 각종 양념과 소스를 이용하여 조림을 할 수 있다.
  7. 쌀로 지은 밥을 이용하여 각종 밥 요리를 할 수 있다.
  8. 밀가루의 특성을 이해하고 반죽하여 면을 뽑아 각종 면 요리를 할 수 있다.

실기검정방법	작업형	시험시간	70분 정도

실기 과목명	주요항목	세부항목	세세항목
중식 조리 실무	1. 음식 위생관리	1. 개인위생 관리하기	1. 위생관리기준에 따라 조리복, 조리모, 앞치마, 조리안전화 등을 착용할 수 있다 2. 두발, 손톱, 손 등 신체청결을 유지하고 작업수행 시 위생습관을 준수할 수 있다. 3. 근무 중의 흡연, 음주, 취식 등에 대한 작업장 근무수칙을 준수할 수 있다. 4. 위생관련법규에 따라 질병, 건강검진 등 건강상태를 관리하고 보고할 수 있다.
		2. 식품위생 관리하기	1. 식품의 유통기한·품질 기준을 확인하여 위생적인 선택을 할 수 있다. 2. 채소·과일의 농약 사용여부와 유해성을 인식하고 세척할 수 있다. 3. 식품의 위생적 취급기준을 준수할 수 있다. 4. 식품의 반입부터 저장, 조리과정에서 유독성, 유해물질의 혼입을 방지할 수 있다.

실기 과목명	주요항목	세부항목	세세항목
중식 조리 실무		3. 주방위생 관리하기	1. 주방 내에서 교차오염 방지를 위해 조리생산 단계별 작업공간을 구분하여 사용할 수 있다. 2. 주방위생에 있어 위해요소를 파악하고, 예방할 수 있다. 3. 주방, 시설 및 도구의 세척, 살균, 해충·해서 방제작업을 정기적으로 수행할 수 있다. 4. 시설 및 도구의 노후상태나 위생상태를 점검하고 관리할 수 있다. 5. 식품이 조리되어 섭취되는 전 과정의 주방 위생 상태를 점검하고 관리할 수 있다. 6. HACCP적용업장의 경우 HACCP관리기준에 의해 관리할 수 있다.
	2. 음식 안전관리	1. 개인안전 관리하기	1. 안전관리 지침서에 따라 개인 안전관리 점검표를 작성할 수 있다. 2. 개인안전사고 예방을 위해 도구 및 장비의 정리 정돈을 상시할 수 있다. 3. 주방에서 발생하는 개인 안전사고의 유형을 숙지하고 예방을 위한 안전수칙을 지킬 수 있다. 4. 주방 내 필요한 구급품이 적정 수량 비치되었는지 확인하고 개인 안전 보호 장비를 정확하게 착용하여 작업할 수 있다. 5. 개인이 사용하는 칼에 대해 사용안전, 이동안전, 보관안전을 수행할 수 있다. 6. 개인의 화상사고, 낙상사고, 근육팽창과 골절사고, 절단사고, 전기기구에 인한 전기 쇼크 사고, 화재사고와 같은 사고 예방을 위해 주의사항을 숙지하고 실천할 수 있다. 7. 개인 안전사고 발생 시 신속 정확한 응급조치를 실시하고 재발 방지 조치를 실행할 수 있다.
		2. 장비·도구 안전작업하기	1. 조리장비·도구에 대한 종류별 사용방법에 대해 주의사항을 숙지할 수 있다. 2. 조리장비·도구를 사용 전 이상 유무를 점검할 수 있다. 3. 안전 장비 류 취급 시 주의사항을 숙지하고 실천할 수 있다. 4. 조리장비·도구를 사용 후 전원을 차단하고 안전수칙을 지키며 분해하여 청소할 수 있다. 5. 무리한 조리장비·도구 취급은 금하고 사용 후 일정한 장소에 보관하고 점검할 수 있다. 6. 모든 조리장비·도구는 반드시 목적 이외의 용도로 사용하지 않고 규격품을 사용할 수 있다.

실기 과목명	주요항목	세부항목	세세항목
중식 조리 실무		3. 작업환경 안전관리하기	1. 작업환경 안전관리 시 작업환경 안전관리 지침 서를 작성할 수 있다. 2. 작업환경 안전관리 시 작업장 주변 정리 정돈 등을 관리 점검할 수 있다. 3. 작업환경 안전관리 시 제품을 제조하는 작업장 및 매장의 온·습도관리를 통하여 안전사고요소 등을 제거할 수 있다. 4. 작업장 내의 적정한 수준의 조명과 환기, 이물 질, 미끄럼 및 오염을 방지할 수 있다. 5. 작업환경에서 필요한 안전관리시설 및 안전용 품을 파악하고 관리할 수 있다. 6. 작업환경에서 화재의 원인이 될 수 있는 곳을 자주 점검하고 화재진압기를 배치하고 사용할 수 있다. 7. 작업환경에서의 유해, 위험, 화학물질을 처리 기준에 따라 관리할 수 있다. 8. 법적으로 선임된 안전관리책임자가 정기적으로 안전교육을 실시하고 이에 참여할 수 있다.
	3. 중식 기초 조리 실무	1. 기본 칼 기술 습득하기	1. 칼의 종류와 사용용도를 이해할 수 있다. 2. 기본 썰기 방법을 습득할 수 있다. 3. 조리목적에 맞게 식재료를 썰 수 있다. 4. 칼을 연마하고 관리할 수 있다. 5. 중식 조리작업에 사용한 칼을 일정한 장소에 정 리 정돈할 수 있다.
		2. 기본 기능 습득하기	1. 조리기물의 종류 및 용도에 대하여 이해하고 습 득할 수 있다. 2. 조리에 필요한 조리도구를 사용하고 종류별 특 성에 맞게 적용할 수 있다. 3. 계량법을 이해하고 활용할 수 있다. 4. 채소에 대하여 전처리 방법을 이해하고 처리할 수 있다. 5. 어패류에 대하여 전처리 방법을 이해하고 처리 할 수 있다. 6. 육류에 대하여 전처리 방법을 이해하고 처리할 수 있다. 7. 중식조리의 요리별 육수 및 소스를 용도에 맞게 만들 수 있다. 8. 중식 조리작업에 사용한 조리도구와 주방을 정 리 정돈할 수 있다.

실기 과목명	주요항목	세부항목	세세항목
중식 조리 실무		3. 기본 조리법 습득하기	1. 중국요리의 기본 조리방법의 종류와 조리원리를 이해할 수 있다. 2. 식재료 종류에 맞는 건열조리를 할 수 있다. 3. 식재료 종류에 맞는 습열조리를 할 수 있다. 4. 식재료 종류에 맞는 복합가열조리를 할 수 있다. 5. 식재료 종류에 맞는 비가열조리를 할 수 있다.
	4. 중식 절임 · 무침조리	1. 절임 무침 준비하기	1. 곁들임 요리에 필요한 절임 양과 종류를 선택할 수 있다. 2. 곁들임 요리에 필요한 무침의 양과 종류를 선택할 수 있다. 3. 표준 조리법에 따라 재료를 전처리하여 사용할 수 있다.
		2. 절임류 만들기	1. 재료의 특성에 따라 절임을 할 수 있다. 2. 절임 표준조리법에 준하여 산도, 염도 및 당도를 조절할 수 있다. 3. 절임의 용도에 따라 절임 기간을 조절할 수 있다.
		3. 무침류 만들기	1. 메뉴 구성을 고려하여 무침 류 재료를 선택할 수 있다. 2. 무침 용도에 적합하게 재료를 썰 수 있다. 3. 무침 재료의 종류에 따라 양념하여 무칠 수 있다.
		4. 절임 보관·무침 완성하기	1. 절임류를 위생적으로 안전하게 보관할 수 있다. 2. 무침류를 위생적으로 안전하게 보관할 수 있다. 3. 절임이나 무침을 담을 접시를 선택할 수 있다.
	5. 중식 육수 · 소스 조리	1. 육수·소스 준비하기	1. 육수의 종류에 따라서 도구와 재료를 준비할 수 있다. 2. 소스의 종류에 따라서 도구와 재료를 준비할 수 있다. 3. 필요에 맞도록 양념류와 향신료를 준비할 수 있다. 4. 가공 소스류를 특성에 맞게 준비할 수 있다.
		2. 육수·소스 만들기	1. 육수 재료를 손질할 수 있다. 2. 육수와 소스의 종류와 양에 맞는 기물을 선택할 수 있다. 3. 소스 재료를 손질하여 전 처리할 수 있다. 4. 육수 표준조리법에 따라서 끓이는 시간과 화력의 강약을 조절할 수 있다. 5. 소스 표준조리법에 따라서 향, 맛, 농도, 색상의 정도를 조절할 수 있다.

실기 과목명	주요항목	세부항목	세세항목
중식 조리 실무		3. 육수·소스 완성 보관 하기	1. 육수를 필요에 따라 사용할 수 있는 상태로 보 관할 수 있다. 2. 소스를 필요에 따라 사용할 수 있는 상태로 보 관할 수 있다. 3. 메뉴선택에 따라 육수와 소스를 다시 끓여 사용 할 수 있다.
	6. 중식 튀김조리	1. 튀김 준비하기	1. 튀김의 특성을 고려하여 적합한 재료를 선정할 수 있다. 2. 각 재료를 튀김의 종류에 맞게 준비할 수 있다. 3. 튀김의 재료에 따라 온도를 조정할 수 있다.
		2. 튀김 조리하기	1. 재료를 튀김요리에 맞게 썰 수 있다. 2. 용도에 따라 튀김옷 재료를 준비할 수 있다. 3. 조리재료에 따라 기름의 종류, 양과 온도를 조 절할 수 있다. 4. 재료 특성에 맞게 튀김을 할 수 있다. 5. 사용한 기름의 재사용 또는 폐기를 위한 처리를 할 수 있다.
		3. 튀김 완성하기	1. 튀김요리의 종류에 따라 그릇을 선택할 수 있다. 2. 튀김요리에 어울리는 기초 장식을 할 수 있다. 3. 표준조리법에 따라 색깔, 맛, 향, 온도를 고려 하여 튀김요리를 담을 수 있다.
	7. 중식 조림조리	1. 조림 준비하기	1. 조림의 특성을 고려하여 적합한 재료를 선정할 수 있다. 2. 각 재료를 조림의 종류에 맞게 준비할 수 있다. 3. 조림의 종류에 맞게 도구를 선택할 수 있다.
		2. 조림 조리하기	1. 재료를 각 조림요리의 특성에 맞게 손질할 수 있다. 2. 손질한 재료를 기름에 익히거나 물에 데칠 수 있다. 3. 조림조리를 위해 화력을 강약으로 조절할 수 있다. 4. 조림에 따라 양념과 향신료를 사용할 수 있다. 5. 조림요리 특성에 따라 전분으로 농도를 조절하 여 완성할 수 있다.
		3. 조림 완성하기	1. 조림 요리의 종류에 따라 그릇을 선택할 수 있다. 2. 조림 요리에 어울리는 기초 장식을 할 수 있다. 3. 표준조리법에 따라 색깔, 맛, 향, 온도를 고려하 여 조림요리를 담을 수 있다. 4. 도구를 사용하여 적합한 크기로 요리를 잘라 제 공할 수 있다.

실기 과목명	주요항목	세부항목	세세항목
중식 조리 실무	8. 중식 밥 조리	1. 밥 준비하기	1. 필요한 쌀의 양과 물의 양을 계량할 수 있다. 2. 조리방식에 따라 여러 종류의 쌀을 이용할 수 있다. 3. 계량한 쌀을 씻고 일정 시간 불려둘 수 있다.
		2. 밥 짓기	1. 쌀의 종류와 특성, 건조도에 따라 물의 양을 가감할 수 있다. 2. 표준조리법에 따라 필요한 조리 기구를 선택하여 활용할 수 있다. 3. 주어진 일정과 상황에 따라 조리 시간과 방법을 조정할 수 있다. 4. 표준조리법에 따라 화력의 강약을 조절하여 가열시간 조절, 뜸들이기를 할 수 있다. 5. 메뉴종류에 따라 보온 보관 및 재 가열을 실시할 수 있다.
		3. 요리별 조리하여 완성하기	1. 메뉴에 따라 볶음요리와 튀김요리를 곁들여 조리할 수 있다. 2. 화력의 강약을 조절하여 볶음밥을 조리할 수 있다. 3. 메뉴 구성을 고려하여 소스(짜장소스)와 국물(계란 국물 또는 짬뽕 국물)을 곁들여 제공할 수 있다. 4. 메뉴에 따라 어울리는 기초 장식을 할 수 있다.
	9. 중식 면 조리	1. 면 준비하기	1. 면의 특성을 고려하여 적합한 밀가루를 선정할 수 있다. 2. 면 요리 종류에 따라 재료를 준비할 수 있다. 3. 면 요리 종류에 따라 도구 · 제면기를 선택할 수 있다.
		2. 반죽하여 면 뽑기	1. 면의 종류에 따라 적합하게 반죽하여 숙성할 수 있다. 2. 면 요리에 따라 수타면과 제면기를 이용하여 면을 뽑을 수 있다. 3. 면 요리에 따라 면의 두께를 조절할 수 있다.
		3. 면 삶아 담기	1. 면의 종류와 양에 따라 끓는 물에 삶을 수 있다. 2. 삶은 면을 찬물에 헹구어 면을 탄력 있게 할 수 있다. 3. 메뉴에 따라 적합한 그릇을 선택하여 차거나 따뜻하게 담을 수 있다

실기 과목명	주요항목	세부항목	세세항목
중식 조리 실무		4. 요리별 조리하여 완성 하기	1. 메뉴에 따라 소스나 국물을 만들 수 있다. 2. 요리별 표준조리법에 따라 색깔, 맛, 향, 온도, 농도, 국물의 양을 고려하여 소스나 국물을 담 을 수 있다. 3. 메뉴에 따라 어울리는 기초 장식을 할 수 있다.
	10. 중식 냉채조리	1. 냉채 준비하기	1. 선택된 메뉴를 고려하여 냉채요리를 선정할 수 있다. 2. 냉채조리의 특성과 성격을 고려하여 재료를 준 비할 수 있다. 3. 재료를 계절과 재료 수급 등 냉채요리 종류에 맞 추어 손질할 수 있다.
		2. 기초 장식 만들기	1. 요리에 따른 기초 장식을 선정할 수 있다. 2. 재료의 특성을 고려하여 기초 장식을 만들 수 있다. 3. 만들어진 기초 장식을 보관·관리할 수 있다.
		3. 냉채 조리하기	1. 무침·데침·찌기·삶기·조림·튀김·구이 등의 조 리방법을 표준조리법에 따라 적용할 수 있다. 2. 해산물, 육류, 가금류, 채소, 난류 등 냉채의 일부 로서 사용되는 재료를 표준조리법에 따른 적합 한 소스를 선택하여 조리할 수 있다. 3. 냉채 종류에 따른 적합한 소스를 선택하여 조리 할 수 있다. 4. 숙성 및 발효가 필요한 소스를 조리할 수 있다.
		4. 냉채 완성하기	1. 전체 식단의 양과 구성을 고려하여 제공하는 양 을 조절할 수 있다. 2. 냉채요리의 모양새와 제공 방법을 고려하여 접 시를 선택할 수 있다. 3. 숙성 시간과 온도, 선도를 고려하여 요리를 담 아낼 수 있다. 4. 냉채요리에 어울리는 기초 장식을 사용할 수 있다.
	11. 중식 볶음조리	1. 볶음 준비하기	1. 볶음의 특성을 고려하여 적합한 재료를 선정할 수 있다. 2. 볶음 방법에 따른 조리용 매개체(물, 기름류, 양 념류)를 이용하고 선정할 수 있다. 3. 각 재료를 볶음의 종류에 맞게 준비할 수 있다.

실기 과목명	주요항목	세부항목	세세항목
중식 조리 실무		2. 볶음 조리하기	1. 재료를 볶음요리에 맞게 손질할 수 있다. 2. 썰어진 재료를 조리 순서에 맞게 기름에 익히거 나 물에 데칠 수 있다. 3. 화력의 강약을 조절하고 양념과 향신료를 첨가 하여 볶음요리의 농도를 조절할 수 있다. 4. 메뉴별 표준조리법에 따라 전분을 이용하여 볶 음요리의 농도를 조절할 수 있다.
		3. 볶음 완성하기	1. 볶음요리의 종류와 제공방법에 따른 그릇을 선 택할 수 있다. 2. 메뉴에 따라 어울리는 기초 장식을 할 수 있다. 3. 메뉴의 표준조리법에 따라 볶음요리를 담을 수 있다.
	12. 중식 후식 조리	1. 후식 준비하기	1. 주 메뉴의 구성을 고려하여 적합한 후식요리를 선정할 수 있다. 2. 표준조리법에 따라 후식재료를 선택할 수 있다. 3. 소비량을 고려하여 재료의 양을 미리 조정할 수 있다. 4. 재료에 따라 전 처리하여 사용할 수 있다.
		2. 더운 후식류 만들기	1. 메뉴의 구성에 따라 더운 후식의 재료를 준비할 수 있다. 2. 용도에 맞게 재료를 알맞은 모양으로 잘라 준비 할 수 있다. 3. 조리재료에 따라 튀김 기름의 종류, 양과 온도 를 조절할 수 있다. 4. 재료 특성에 맞게 튀김을 할 수 있다. 5. 알맞은 온도와 시간으로 설탕을 녹여 재료를 버 무릴 수 있다.
		3. 찬 후식류 만들기	1. 재료를 후식요리에 맞게 썰 수 있다. 2. 후식류의 특성에 맞추어 조리를 할 수 있다. 3. 용도에 따라 찬 후식류를 만들 수 있다.
		4. 후식류 완성하기	1 후식요리의 종류와 모양에 따라 알맞은 그릇을 선택할 수 있다. 2 표준조리법에 따라 용도에 알맞은 소스를 만들 수 있다. 3. 더운 후식요리는 온도와 시간을 조절하여 만들 수 있다. 4. 후식요리의 종류에 맞춰 담아낼 수 있다.

최신 중식조리

PART
01

이론편

제 1 장

중국요리

중국은 중화 5천 년의 오랜 역사를 가졌다고 말하곤 한다. 중국의 황하문명은 4대 문명의 주축을 이루고 있으며 '중화(中華)'사상은 소수민족으로 이루어진 중국을 하나로 묶는 역할과 세상의 중심은 중국이라는 자부심을 심어준다. 중화사상에는 이념과 정치·경제·문화뿐 아니라 음식문화도 세계에서 제일이라는 자부심이 들어 있다. 중국인은 우리가 일반적으로 표현하는 '의식주'가 아닌 '식의주'라고 표현한다. 먹는 것의 중요성은 모두가 인식하고 있지만 직접적으로 표현할 수 있는 것은 중국인들이기에 가능한 것으로 보인다. 또한 중국인들은 '약식동원(藥食同源)'이라 하여 먹는 것과 약은 같은 뿌리를 가지고 있다고 하는데 이 사상으로 보아 고대로부터 먹는 것의 중요성을 인식하고 있음을 알 수 있다. 배불리 먹는 것은 인간의 가장 기본적인 욕구인 동시에 이를 충족시킴으로써 나라가 안정되고 백성들이 평화로워진다. 또한 이는 새로운 요리의 발전을 이루는 계기가 되어왔다.

중국은 오랜 역사에서 매우 많은 왕조가 교체되었으며 이 과정에서 전쟁의 역사를 피할 수 없었다. 이로 인하여 요리의 발전과 쇠퇴가 공존하는 모순점도 병행된다. 이처럼 중국은 여러 왕조와 귀족들의 식습관의 영향으로 많은 조리법과 다양한 식재료의 발굴 및 조리기술이 발달하게 되었다. 대표적인 예로 은나라 주왕의 주지육림(酒池肉林)이나 청나라 황실의 만한전석(滿漢全席)이 중국요리의 발달에 지대한 영향을 끼친 것은 부정할 수 없는 사실이다. 왕과 귀족들의 연회에서 만들어지는 음식은 모두 화려하고 풍부하며 진귀한 것들이 많았으며 이런 요리들이 민가나 음식점으로 유입됨으로써 오늘날의 중국요리로 정착하게 된 계기가 되었다. 넓은 국토 면적과 열대와 아열대, 한대 등의 다양한 기후는 다종의 식재료를 요리에 응용할 수 있는 계기가 되었으며, 날아다니는 비행기와 책상을 제외하고는 모두 식재료로 응용할 수 있다는 얘기가 있을 정도로 먹거리에 활용되는 식재료의 종류도 매우 풍부하다. 여기에 다양한 소스를 접목하여 새로운 조리법을 개발함으로써 중국요리를 전 세계 음식으로 바꿔놓는 계기가 되기도 하였다. 또한 서양의 조리법이나 소스를 받아들여 중국화함으로써 전 세계인의 입맛을 사로잡는 계기가 되기도 하였다.

이처럼 현재도 중국의 요리는 세계인의 입맛을 사로잡고 있으며 앞으로도 다양한 종류의 요리가 선보일 것이라고 생각한다.

제 2 장

중국요리의 역사

중국은 중화 5천 년의 역사라는 별칭만큼이나 요리의 역사 역시 유구하다는 것을 알수 있다. 잦은 왕조의 교체로 토착민과 이주민 사이에 많은 요리법이나 식재료의 왕래가 있었다는 것을 알 수 있으며 왕조가 교체될 때마다 많은 풍습과 식문화가 동화되거나 확산되어 정착되었다. 이는 중국요리사에서 매우 중요한 상황이라고 할 수 있다.

❶ 연대별로 정리한 중국사

국 가		연 대
하(夏)		약 BC 21세기-약 BC 16세기
상(商)		약 BC 16세기-약 BC 1066년
주(周)	서주(西周)	약 BC 1066년-약 BC 771년
	동주(東周)	BC 770년-BC 256년
	춘추(春秋)	BC 770년-BC 403년
	전국(戰國)	BC 403년-BC 221년
진(秦)		BC 221년-BC 206년

국 가			연 대
한(漢)	서한(西漢)		BC 206년-AD 23년
	동한(東漢)		AD 25년-220년
삼국(三國)	위(魏)		220년-265년
	촉(蜀)		221년-263년
	오(吳)		222년-280년
진(晋) 16국(十六國)	서진(西晋)		265년-316년
	동진(東晋)		317년-419년
	16국(十六國)		304년-439년
남북조(南北朝)	남조 (南朝)	송(宋)	420년-479년
		제(齊)	479년-502년
		양(梁)	502년-557년
		진(陳)	557년-589년
	북조 (北朝)	북위(北魏)	386년-534년
		동위(東魏)	534년-550년
		북제(北齊)	550년-577년
		서위(西魏)	535년-557년
		북주(北周)	557년-581년
수(隋)			581년-618년
당(唐)			618년-907년
오대십국 (五代十國)	후양(后梁)		907년-923년
	후당(后唐)		923년-936년
	후진(后晋)		936년-946년
	후한(后漢)		947년-950년
	후주(后周)		951년-960년
	십국(十國)		902년-979년
송(宋)	북송(北宋)		960년-1125년
	남송(南宋)		1127년-1279년
요(遼)			907년-1121년

국 가	연 대
서하(西夏)	1032년-1227년
금(金)	1115년-1234년
원(元)	1260년-1370년
명(明)	1368년-1644년
청(淸)	1636년-1911년
중화민국(中華民國)	1912년-1949년
중화인민공화국(中華人民共和國)	1949년 10월 1일 성립

② 요리의 역사와 발전

　　인간은 음식을 통해 생명을 유지하고 생존을 위해 환경에 적응하는 생활을 하면서 대략 200만 년간 생식, 익은 음식, 음식 요리의 3과정을 거쳐 요리를 발전시켰다. 그중에서 생식하는 기간이 100여 만 년이었고, 익은 음식을 먹은 기간이 몇십만 년, 음식 요리가 있은 지는 1만여 년이다. 최초의 취사도구는 도기라고 할 수 있고 소금으로 맛을 내는 것을 알면서부터 음식 요리기술이 발달하기 시작했다고 할 수 있다. 팽조(烹調)는 음식을 익혀 먹는 것에서 출현하였으며 팽조를 연구하면 팽임(烹飪)의 기원을 이해할 수 있다. 팽임이라는 단어는 2700년 전 주역(周易)·정(鼎) 중에 "이목손화. 형임야(以木巽火. 亨飪也)"라는 기재에서 木은 나뭇가지와 풀을 가리키며, 巽은 원래의 의미인 바람을 뜻하여 이것은 바람으로 불을 일으킨다고 할 수 있으며 亨은 烹으로 끓인다는 의미가 있다. 또한 飪은 음식물이 익은 것 또는 생것을 익힌 정도를 의미하여 통칭해서 익은 음식이라 할 수 있다. 종합하여 해석해 보면 식재료를 바람으로 불을 피워 나무나 풀 위에서 익힌다는 해석이 가능하다.

　　생산력의 발전으로 생활수준 또한 높아져 요리(烹飪)방법은 지속적으로 향상되었고, 요리의 사전적 의미 역시 변화되었는데 후에는 요리방법도 훨씬 더 발전하였다. 일부 학자들은 요리를 문화의 범주에 넣어 '먹는 예술'과 '먹는 과학'이라 하였다. 초기 인류의 요리방법은 식물, 과일과 야생동물을 먹을 수 있는 부분을 불 위에 굽는 것이었다. 때로는 진흙으로 음식을 감싸 불에 구워 먹기도 하였다. 이렇게 직접 불에 굽는 것이 최초의 요리라고 할 수 있다. 《예기(禮記)》 책이 완성된 시기에도 원시적인 요리방법이 기재되었다. 이것은 생식과 익은 음식 두 가지로 나눠볼 수 있는데 처음에는 채소를 먹고 동물의 피를 먹었으며 이러한 것이 더욱 발전하여 사람들이 불을 이용하여 생것을 구워 먹었다는 것이었다.

⋅ **굽는 방법**

1. 불 위에 직접 굽는 것
2. 불에 생것을 진흙으로 감싸 굽는 것
3. 음식을 끓는 물에 익히는 것은 도기가 생긴 이후의 일이다.

중국요리는 일반적으로 불을 사용하면서부터 천천히 오랜 시간 발전하였으며 이것을 근거로 네 단계의 시기로 나눠볼 수 있다.

(1) 싹트는 시기 : 석기시대
(2) 형성시기　　: 신석기시대
(3) 발전시기　　: 하(夏)나라, 상(商)나라, 주(周)나라 시기
(4) 번영시기　　: 진(秦)나라부터 한(漢)나라를 거쳐 현재까지

1) 싹트는 시기(萌芽時期)

불을 이용하여 음식을 익혀 먹으면서 요리 발전의 기점이 되었다. 산서예성서후도(山西芮城西侯度)문화 유적을 보면 뼈를 태워서 보존하는 방법이 있는데 이것은 지금부터 180만 년 전 인류가 초기에 불을 이용하여 음식을 익혀 먹었음을 알 수 있는 증거가 된다.

중국 학술계의 결론은 약 50만 년 전의 북경인(北京人)이 이미 능숙하게 불을 관리했

고 또한 음식 익혀 먹는 방법에 대해서도 알고 있었다고 한다.

주구점(周口店)북경인의 유적에서 불의 사용과 보존법을 알았던 것이 발견되었으며, 이것을 바탕으로 추론하면 중국인의 불 사용에 다음과 같은 세 단계 발전이 있었다.

① 자연불의 이용

인류는 생활하면서 음식을 생것으로 먹는 것보다 익혀 먹는 것이 더 맛있다는 것을 알게 되었으며 점차 진일보하여 불에 익혀 먹는 방법을 배웠는데, 바로 이것이 요리의 기원이라 할 수 있다.

② 보존과 불의 전파

인류는 초기에 자연에 있는 불을 이용하였으며 마른 장작이나 동물의 뼈를 불씨 위에 올려서 불을 계속 유지하는 방법을 점차 터득하였다. 불씨를 계속 사용하기 위하여 구덩이를 파서 그 안에 불을 넣어 보존하기도 하였다. 그 이후 발전을 거듭하여 동굴 내에 화로를 만들어 사용하였으며 이동할 때는 나무에 불을 붙여서 옮기는 방법을 터득하였다.

③ 인위적으로 불을 얻음

중국인들이 인위적으로 불을 얻은 시간에 대해서는 합당한 학술적 근거가 없었다. 다만 민간 설화에 수인씨(遂人氏)가 불을 나누어주었다는 구전이 있다. 그러나 많은 학자들은 대략 석기시대 후기로 추정하고 있을 뿐이다.

인류 최초의 익힌 음식 가공기술은 음식물을 직접 태우거나 굽는 것이었다. 이것을 '불의 요리법'이라 일컫는다. 불을 이용한 요리방법은 약 1만 년 동안 지속되었고 계속 진보하였으며 음식물을 나뭇잎으로 감싸는 등의 요리방법도 출현하였다. 즉 사냥한 동물의 사체를 나뭇잎이나 풀로 감싸고 진흙을 발라서 다시 불에 굽는 것인데 이 방법은 이후에도 비슷한 종류로 계속 유지되었는데 바로 돌 요리법이다. 돌멩이를 이용한 또 다른 방법은 구덩이를 파고, 동물의 뼈나 껍데기로 표면을 두른 후, 흙이나 이물질이 들어가지 않게 한 후 물을 채우고, 그 안에 재료를 넣는다. 그런 다음 불에 태운 돌멩이를 물에 많이 넣고 물을 끓여서 음식물을 익혀 먹는 방법이다. 이렇게 음식물에 열을 가해 익은 후에 맛이 한층 더 개선되었음을 알 수 있다. 게다가 생식하던 때보다 병균과 기생충이 많이 소멸되었고, 소화와 흡수에 유리하였으며 점차 여러 질병이 감소하였다. 이렇게 석기시대 후기의 식품 가공기법은 서툴고 원시적이었지만 야만에서 벗어나 문명으로 진입하는 지표가 되었다.

2) 형성시기(形成時期)

신석기시대 초기에 진입하면서 토기가 출현하였다. 이것은 불을 사용하면서 일부분의 흙에 열을 가하면 흙이 단단해진다는 것을 알게 되었기 때문이다. 이것으로 보아 원시적인 토기 제작이 시작된 것으로 추정되며, 화북(華北)지역에는 1만 년 전에 이미 토기가 존재했다고 한다. 그 증거로 화중지역 강서만년현선인동문화(江西万年縣仙人洞文化)에는 지금까지 토기가 보존되어 있으며 이곳의 토기 조각을 분석을 한 결과 지금으로부터 8천8백 년 전의 것으로 추정된다. 이렇듯 토기의 사용은 열과도 관계가 있지만 또한 요리와도 많이 일치한다.

신석기시대에는 돌칼, 돌도끼 외에 조개, 뼈로 만든 칼을 사용하였다. 이들의 가장 중요한 특징은 모두 자연적인 것이 아니라 인간이 갈아서 만들었다는 것이다. 그리고 맷돌과 절구, 토기 도마 등도 있었다. 그리고 이 시기에는 농업이 발전하여 곡물이 대량으로 유입되고, 아궁이 형태를 갖춘 부엌도 출현하였다.

그리고 대문구(大汶口)문화 시기인 약 5천 년 전에는 찜기 형태의 그릇이 발견되었는데 이것은 증기를 이용하여 음식을 만들었다는 지표로 볼 수 있으며, 토기 가마솥(죽을 끓이는 용도), 시루(밥하는 용도) 등은 주식의 골격이 형성되었음을 뜻한다.

3) 발전시기(發展時期)

청동기시대의 요리는 먼저 토기에 대한 경험을 기초로 하여 제련(冶煉)하는 기술을 습득함에서 비롯되었다. 4천 년 전에 청동기를 제작하기 시작한 것으로 추측되며 하(夏)나라, 상(商)나라, 주(周)나라 삼국이 바로 청동기로 요리한 시기라고 할 수 있다. 그러나 이러한 상황에서도 계급의 격차가 있어 일반 평민들은 여전히 토기를 사용하였고, 귀족은 청동으로 만든 요리기구를 사용하였다.

하(夏)나라 초기에는 홍수 방지를 위해 많은 노력을 하였는데 이때는 요리의 발전이 조금 느렸으나 상(商)나라 때부터 서주(西周) 때까지 일정한 수준으로 발전했으며 이 시기에는 음식 또한 안정을 찾게 되었다. 동주(東周)에 이르러 요리는 청동으로 만든 기구로 밥을 짓거나 음식을 익혔으며 동으로 만든 칼, 그리고 5개의 화덕이 있는 주방이 있었다. 또한 대량 가공의 도구로써 맷돌이 출현하였다.

- 5마리의 동물　　 : 소, 양, 닭, 돼지, 개
- 6마리의 가금류 : 메추라기, 꿩, 닭, 오리, 기러기, 백조
- 5가지 곡식　　　 : 피, 기장, 보리, 삼(麻), 콩
- 5가지 과일　　　 : 밤, 자두, 살구, 복숭아, 대추

요리기구는 청동기로 만들었으며 밥을 짓거나 음식을 익히는 기구들 외에 동으로 만든 칼과 5개의 화덕이 있는 주방이 있었다. 또한 대량 가공양식의 도구로써 맷돌이 출현하였다.

그리고 다른 구조의 다양한 형태가 많이 출현하였다. 또한 다양한 무늬 장식은 정결하고 아름다웠으나 후대에는 거의 보이지 않는다. 이것은 음식을 중시하고 음식의 아름다움을 추구하는 데 반영된 것으로 보인다. 그리고 여기서 볼 수 있는 또 하나의 특이한 점은 청동기시대에 고온의 기름 요리가 시작되었다는 것이다. 동으로 된 얇은 형태의 칼도 함께 출현하였다. 이것으로 보아 중국 칼 공예기술의 발달로 점진적인 생산이 이루어졌고 춘추(春秋)시대에 이미 식품을 간단하게 조각하였다는 것을 알 수 있다. 또한 원시 얼음실의 출현으로 식재료에 대한 냉장이 시작되었다.

4) 번영시기(繁榮時期)

중국은 춘추(春秋)시대에 이미 철로 만든 다리가 3개 달린 철 그릇이 있었는데 전국(戰國)시대 이후 특히 진(秦)나라에서 한(漢)나라까지 철기구가 보편화되었다.

> **진(秦)나라와 한(漢)나라, 남북조(南北朝) 시기** : 철기 사용 초기
> **수(隋)나라에서 남송(南宋) 시기** : 철기 사용의 중기
> **원(元)나라, 명(明)나라, 청(淸)나라 시기** : 철기 사용의 후기
> **신해혁명(辛亥革命) 이후부터 오늘날까지** : 현대

① 진한에서 남북조까지의 요리

기원전 221년 진시황이 6개 나라를 통일한 때부터 기원전 589년 수나라가 남북을 통일할 때까지의 810년 동안이다.

진한(秦漢)시기에 철제 농기구가 널리 확대 보급되어 농업 생산량이 늘게 되었다. 게다가 서한(西漢) 초기 70년 동안은 휴양생식(休養生息) 때문에 생산이 늘었고, 요리의 발전이 가속화되며 음식시장이 많이 번성하게 되었다. 그 후 동한(東漢)에서 서진(西晉)과 동진(東晉)에 이르기까지 몇 차례 큰 전쟁이 일어나 요리도 정체되었으나 남북조(南北朝) 시기에 나라가 안정되며 요리 역시 상당히 발전하였다.

② 수나라에서 남송까지의 요리

이 시기에는 노동 생산력에 의해 많은 발전이 신속하게 이루어졌고, 국가의 통일 이후 점차 나라가 강성해지고 요리기술이 발전했다. 당(唐)나라 초기 요리기술이 장안(長安)과 낙양(洛陽)에 집결되어 있었으나 번성시기의 당나라로부터 말기의 당나라까지 대운하로 인하여 양주(揚州)가 요리기술의 중심을 이루었다.

북송(北宋) 시기에는 개봉(開封)의 요리기술이 가장 발전하였으며 송나라가 수도를 남쪽으로 천도한 이후 요리기술의 중심도 남쪽으로 이동하여 임안(臨安)까지 이르렀다.

요리기술의 중심이 이동하면서 각 지방의 음식이 많이 교류되었고, 요리기술의 발전이 촉진되었다. 이 시기 황하유역의 북미(北味)가 계속 발전되었고, 장강(長江) 중·상류의 사천맛(川味)인 남미(南味)가 출현하였다.

중·하류의 회양(淮揚)맛과 영남(嶺南) 월미(粤味) 등의 요리 계통 분야가 명백화되었다. 이 시기의 연회석에는 해산물이 많이 등장하여 어두(魚肚=부레), 어진(魚辰=입술) 등이 궁정(宮廷) 황제의 식사에 많이 등장하였다. 또한 이민족 음식이 중원으로 진입되어 티베트와 한족의 음식 교류가 있어 한족 음식이 티베트로 진입하였고, 티베트 음식이 중원으로 들어왔다. 당대(唐代)에는 새롭고 편리한 음식 조리를 위해 칼 기계가 출현하여 요리의 작업 능률을 향상시켰다.

③ 원나라에서 청나라까지의 요리

이 시기는 중국과 외국 여러 민족의 음식문화가 교류·융합되는 시기였다. 원조(元祖) 90년 요리에는 주요 특징이 있었는데 여러 해 계속 대규모의 전쟁이 벌어져 인구의 대이동과 생산력이 매우 훼손되었고, 음식은 거의 발전하지 않았으며 평민들의 음식 역시 발전하지 못함으로 인하여 시장의 점포 음식점도 예전만 못한 상황이 되었다. 또한 이 시기에 남부 유럽, 중앙아시아, 서아시아 등의 서천차반(西天茶飯)이 중국 및 외국 음식문화와 교류하여 각 민족 음식의 1차 교류가 동으로부터 중원(中原)으로 들어왔다. 예를 들어 살펴보면 인도 차를 판매하는 판매점이 생겨나기도 하였으며, 향료 또한 중원에 전해졌다. 또한 각종 연회가 풍성하게 열렸으며 이로 인하여 중국 음식의 맛이 매우 다채로워졌다. 이와 같이 원조(元祖) 90년대에는 서로 모순되게 요리의 감소와 발전이 있었다.

명나라의 영락(永樂) 황제 시기 이후 요리는 한층 더 빠르게 발전하였다. 그것은 이 시기에 파병과 7차례 서양 원정으로 중국인 중에 광범위하게 상업하는 사람들이 점차 증가하였고, 바닷길의 개척으로 요리문화 교류의 범위도 확대되었다. 이로 인하여 약간의 외국 요리와 해산물이 유입되었다. 홍치(弘治)년에 이르러 요리기술 발전이 새롭게 절정을 이루었는데 가정조(嘉靖祖) 이후 조정의 부패와 여러 해 이어진 천재와 인재로 많은 사람들이 억압과 굶주림에 허덕이게 되었으며, 시장 점포와 요리도 다시 열악한 환경으로 전환되었다. 명나라 시기 성조(成祖)가 북경으로 천도함에 따라 남방의 주방에서 일하던 사람들과 그에 딸린 적지 않은 주변의 것들도 함께 북상하였다. 이 때문에 많은 남쪽맛이 북으로 이동하게 되었으며 이후 조운(漕運)을 따라서 남북 간에 풍미 교류가 촉진되었고, 요리기술의 중심이 절강성(浙江省)인 북으로 이동하였다.

또한 청나라 때 만주족이 중원으로 유입되었는데, 이것은 만주족과 한족 음식이 교류되었음을 뜻한다. 강희(康熙), 가경(嘉慶)의 100년간 청대는 태평성대를 이루어 요리 또한 많이 발전했고, 새로운 요리 또한 많이 개발되었다. 도광 황제(道光皇帝) 시기의 아편전쟁 이후에는 국력이 쇠퇴되어 요리의 발전 또한 늦춰졌다. 이때는 서양의 영향으로 시장에는 서양식 음식점이 생겨났다.

④ 근대와 현대의 요리

신해혁명(辛亥革命) 이후 중국요리에 새로운 변화가 이루어졌다. 중화민국(中華民國) 시기 대표적인 중국요리 기술과 맛의 중심지가 발생하였고 다양한 변화가 이루어졌다. 북경의 궁정요리(宮廷菜)가 청나라 이후 시장에 많이 유입되어 이를 모방한 형태의 방선채(倣膳菜)가 출현하였는데 이때 관(官)에서 만드는 유명 인사의 요리사들도 시장에 함께 유입되었다. 이로 인하여 담가요리(譚家菜)가 출현하기도 하였다. 그리고 은행가와 고관 귀족들이 사는 남방의 상해, 남경 등에서는 연회가 자주 열렸는데 이때 만든 요리를 '공관요리(公館菜)'라고 한다. 항일 전쟁시기 전쟁을 피해 연해 도시의 요리기술이 중국 내륙 사천지역으로 옮겨갔는데 강소성(江蘇省), 상해(上海), 광동(廣東), 하북(河北), 평진(平津) 등 각 지역의 요리관이 중경(重慶)에서 영업을 하였다. 이것은 사천요리 발전을 촉진하는 계기가 되었으며 전쟁 이후 사천요리는 중국에 많은 영향을 주었다.

중화인민공화국(中華人民共華國)의 건국 이후 북경(北京), 무한(武漢), 심양(瀋陽), 광주(廣州), 서안(西安), 성도(成都), 복주(福州) 등의 대도시에 요리기술력이 상당히 집중되었다.

그리고 또 다른 특징으로 새로운 식재료의 유입을 들 수 있다. 1925년 중국은 밀기울을 이용하여 조미료를 만들었고, 각종 향신료와 설탕 그리고 커피와 토마토 케첩, 소다 등이 도입되었으며, 야생동물을 길들이고 온실 재배와 식물을 개량하여 먹을 수 있는 식재료가 풍부해졌다. 또한 시장의 변화로 요리가 직접적인 영향을 받았으며 연해 도시의 식당업과 여행업이 발전하게 되었다. 이 중 여러 지방의 풍미와 각종 서비스를 겸하여 영업하는 곳도 많아졌다.

1970년대 이후 음식은 풍족해졌고, 요리와 음식이 사회의 새로운 추세가 되었다. 그리하여 음식 시장은 활기를 띠며 번성하였고, 많은 음식점과 숙박업을 결합한 현대화된 큰 호텔이 출현하였으며 외식 또한 급속하게 증대되고, 시장이 날로 번창하였다.

현대에 들어와 영양학과 위생학이 요리에 도입되었으며, 중의양생(中醫養生)과 식료(食療) 및 현대 영양학의 결합으로 식료(食療)식당과 약선(藥膳)식당도 출현하였다.

20세기에는 전기제품을 이용한 요리와 가스시설을 갖춘 주방이 출현하였다. 그리고 요리 공예의 일부분이 수작업에서 기계로 대체되어 현재의 중국은 음식문화의 교류가 활기를 띠면서 발전이 빠르게 이루어지고, 요리교육 역시 매우 빠르게 진행되고 있다.

중국요리는 이미 발전시기에 진입하였다. 현재까지 많은 발전을 거듭하고 있고, 각종 식당과 각 지방의 요리도 지방의 특성을 유지하며 많은 발전을 거듭하고 있다.

제 3 장

중국요리의 특징과 정의

중국 문화는 복합적인 다민족(多民族)의 성격을 지닌다. 한족이 중국 문화의 모든 것을 창시한 것으로 이해해 온 우리는 중국인보다 더 골이 깊은 한족 중심주의에 빠져 있었다. 중국 문화는 여러 민족이 공동으로 형성해 온 것이다. 그래서 대다수 한족의 문화는 실제로 그 뿌리를 한족에 두고 있기도 하고, 소수민족에 두고 있기도 하다. 따라서 중국 문화는 융합과 동화의 산물이라고 할 수 있을 것이다. 음식 역시 예외는 아니다. 중국인의 음식 활동과 중국음식 역시 다민족적인 성격을 지닌다. 또한 식재료 이용의 다양성은 중국음식의 가장 큰 특징 중 하나이다. 그러나 많이 쓰이는 부재료는 대부분 중앙아시아로부터 전해진 것들이며, 조리법도 많은 부분을 중원의 한족이 주위 소수민족의 영향을 받아 형성된 것이다. 밀가루를 이용한 국수 만드는 법, 교자와 만두 만드는 방법 등은 원래 중앙아시아로부터 유입된 것이며, 양고기를 이용한 조리법은 대부분 몽골족과 위구르족에게서 전해진 것이다.

이렇게 오늘날의 시점에서 본 전통적인 중국음식은 한족과 소수민족 사이의 융합(fusion) 과정으로 이해된다. 이처럼 융합의 대표적인 사례가 만한전석이라 불리는 연회석이다. 일반적으로 청나라 초기 궁중에서는 만주족의 음식으로 식사가 마련되었다. 그런데 강희(康熙) 황제 22년(1681) 새해 첫날 만주족의 음식을 차리던 것을 한족식으로 변화시켰는데 이때부터 궁중에서는 만주족과 한족의 음식을 황제의 식탁에 함께 올리는 관습이 생겨났다. 황실의 이러한 경향은 다시 중국 각지로 유행하여 지방마다 다른 만한전석의 식단이 만들어졌다. 결국 만주족이 자신의 전통을 한족에 맞추었고, 결국 만주족의 특색은 사라지고 한족에 동화되었던 청나라의 문화적 특징이 이 만한전석에도 그대로 반영되었다.

한족의 문화가 지닌 융합력과 동화력은 중국 문화를 이해하는 데 매우 유용하다. 또한 한족의 음식으로 대표되는 중국음식 습관이 지닌 문화적 특성은 융합과 동화이다. 이는 언제나 외부의 새로운 것에 열려 있는 상태에 있기 때문에 다른 것을 쉽게 인정하고 수용한다. 그러나 그 수용은 일면에서 융합적인 성격이 강하게 나타나지만, 궁극적으로 한족 중심 체제로 동화한다. 중국인, 중국 문화 그리고 중국음식이 지닌 유연력과 적응력은 자신들의 음식 세계를 또 다른 세계로 만들어가는 데 결정적인 역할을 했다. 이것을 달리 말하면 중화주의라 할 수 있다. 음식의 중화주의가 오늘날에도 여전히 세계 곳곳에서 실현되고 있음을 우리는 매우 쉽게 확인한다. 이것이 중국인, 중국 문화, 그리고 중국음식이 지닌 문화적 특징이다.

❶ 중국 음식문화의 특징

요리는 각 나라의 기후, 지리적 특성, 민족성에 따라 각양각색의 특징을 지니고 있는데 중국요리는 다채로운 형태와 독특한 맛에 있어서 세계 최고의 요리임에 틀림이 없다. 특히 팔진이라 하여(낙타봉, 원숭이의 골, 표범의 태반, 곰발바닥, 코뿔소의 꼬리, 비룡, 성성이의 입술, 록진 등) 살아 있는 것은 무엇이든 요리의 대상으로 삼아 불로장수의 사상과 밀접한 관계를 가지고 발전해 왔으며 이것들로 인하여 현재 중국요리의 발전이 있었다고 할 수도 있다. 또한 중의와 음식이 하나의 뿌리라고 생각하는 '식의동원(食醫同源)'이라는 사상을 믿고 있다. 때문에 중국에서 요리사의 위치는 사회적으로도 상당하여 은나라 시절 이윤(伊尹)이라는 사람은 요리사로서 재상이 된 선례를 가지고 있다.

설화 같은 이야기일지 모르지만 요리사가 훌륭한 음식을 만듦으로써 당대 권력자의 측근에서 정치에 참여할 수 있었던 것은 '음식의 나라' 중국에서나 가능한 일이라 생각해 본다.

요리기술이 고대로부터 확립되었다는 사실은 은나라의 『본미론』, 송나라의 『중궤론』, 원나라의 『운림당음식제도집』, 명나라의 『송씨존생』, 청나라의 『성원록』, 『수원식단』 등 수많은 요리책이 전해 내려오는 것에서도 알 수 있다. 이렇게 기록으로 내려오는 왕실이나 귀족 요리와 함께 입으로 전해지는 서민요리가 한데 어우러져 중국요리가 더욱 발전하게 된 것이다. 또한 만리장성을 쌓은 진시황제 때부터 가공식품도 먹기 시작했다고 전해진다.

한나라 시대로 접어들면서 곡류를 가루로 내서 떡, 만두 등의 음식을 만들어 먹는 조리법이 생겼으며 식기도 금, 은, 칠그릇을 만들어 사용하기 시작했다.

수, 당나라 시대에는 대운하가 건설되어 강남의 질 좋은 쌀이 북경까지 전달되어 북경 일대의 식생활이 풍요로워졌으며 화북지방에서는 식생활에 일대 변혁이 일어났다. 즉 대량 생산의 길을 튼 덕분에 일반 서민들도 그 혜택을 받아 빵이나 전병 등을 만들어 먹기 시작한 것이다. 페르시아에서 설탕이 들어와 재배되기 시작한 것도 이 무렵부터이며 이때 식사는 1일 2식이었고 음식 조리는 원칙적으로 남자의 몫이었다.

원나라 시대로 접어들면서 중국요리가 서방세계로 전달되기 시작했다. 몽골인들은 유목민이었으므로 고기요리와 발효유제품의 음식을 많이 먹었으며 요리는 주로 구워서 먹었는데 이것은 진취적인 기마민족의 특징을 엿볼 수 있는 부분이다.

명나라 시대에는 옥수수, 고구마가 수입되었고 도로와 운하 등이 발달되어 남방에 이르는 길도 개척했다. 따라서 각 지역의 요리재료, 향신료, 과일 등을 쉽게 구할 수 있었으며 이로 인하여 요리법이 한층 더 발달하였다.

이러한 음식문화는 청나라 시대에 중국요리의 부흥기를 이루게 되었다. 중국요리의 진수라 불리는 '만한전석'은 청나라 시대의 화려함과 호사스러움의 극치를 이루는데 상어지느러미, 곰발바닥, 낙타 등고기, 원숭이 골요리 등 중국 각지에서 준비한 희귀한 재료 등을 이용하여 100종 이상의 요리를 준비해서 이틀에 걸쳐 먹는 것으로 이 요리를 완벽하게 만들 수 있는 사람은 몇 되지 않는다고 한다.

또한 서태후가 나들이할 때는 요리사를 100여 명이나 대동하고 음식을 수백 가지나 만들어 먹었다고 하니 그 화려함의 극치를 미루어 짐작할 수 있다.

청나라 때는 행사 음식도 성행하였는데 북경에서는 설날에 물만두를 만들어 먹었고, 2월 1일에는 태양의 탄신일이라고 하여 쌀가루로 오층 떡을 만들어 태양신에게 바치는 의식을 행하였다. 사월 초파일에는 콩, 팥을 삶아 절에 가서 선남선녀에게 주는 '사연두' 풍습이 있었고, 8월 보름에는 월병을 만들어 제사를 지냈다. 12월에는 각종 죽을 만들어 먹으면서 만수무강을 기원하기도 하였다. 중화민국 시기에는 요리가 그렇게 화려하고 번창하지는 않았지만 중국인들은 꾸준하게 음식의 발전을 이루어나갔으며 오늘날에는 많은 중국요리들이 전 세계 많은 사람들에게 사랑받고 있다.

중국은 그들의 오랜 역사만큼이나 다양한 요리를 개발하고 발전시켜 오늘날 세계적인 요리로 명성을 쌓고 있다. 다음으로 중국요리의 일반적인 특징을 살펴보자.

1) 식재료 선택의 범위가 매우 넓고 사용이 자유롭다

중국의 국토 면적이 넓고 이로 인하여 기후가 각기 다르므로 재배되는 농작물과 가축, 가금류의 종류와 수산물의 종류 역시 많은 차이가 있다. 먹을 수 있는 모든 것을 먹거리로 사용할 수 있다는 말이 있듯이 다양한 종류의 식재료를 요리에 자유롭게 응용하여 맛이 풍부하고 다양하다.

2) 조리에 필요한 도구가 간단하고 조리법의 응용이 다양하다

중국은 다양한 식재료를 이용하여 수만 가지의 요리를 만들어내지만 실제로 요리도구를 보면 상당히 간단하다는 것을 알 수 있다. 이는 중국 역사를 보면 이해되는 부분이다. 중국은 오랜 역사를 가진 만큼 수많은 왕조의 교체가 이루어졌다. 이는 전쟁의 역사가 반복되었다고도 할 수 있다. 전쟁에서 살아남기 위해 사람들은 호화스럽거나 사치스럽게 조리도구를 지니고 생활할 수 없었을 것이다. 이에 조리도구들 역시 간단할 수밖에 없을 것이지만 중국인들의 손재주만큼은 높이 평가할 만하다. 또한 중국인들은 상당히 많은 조리법을 가지고 있는데 현재는 43가지 정도로 조리할 만큼 다양한 조리법을 선보이고 있으며 같은 재료를 가지고도 다양한 종류의 요리를 만들 수 있다.

3) 기름 사용이 많지만 음식을 강한 불로 단시간에 볶아 영양파괴를 줄인다

중국요리는 기름을 많이 사용하는 특징이 있다. 예로 '데친다'는 개념은 우리에게는 끓는 물로 데치는 개념이지만 중국에서는 끓는 기름에 채소를 넣어 데친다고도 한다. 이처럼 기름에 대한 중국인들의 사랑은 끊임없는 것이다. 또한 전처리를 먼저 하고 단시간에 기름에 넣어 볶음으로써 재료 본래의 식감이나 향, 영양성분을 파괴하지 않고 요리 본연의 풍미와 향미를 끌어낼 수 있는 것이다.

4) 음식의 결합과 보온의 목적으로 전분을 사용한다

중국음식은 대부분 요리에 전분을 사용한다. 이는 수분과 분리되는 것을 방지하는 목적 외에 보온의 역할도 함께 이루어진다. 요리하여 손님에게 제공되는 시간과 손님이 먹는 시간은 일정하지 않기에 음식의 온기를 오랫동안 보존하기 위해 이처럼 전분을 음식에 사용하여 음식의 향미와 풍미를 유지할 수 있도록 한다.

5) 조미품과 향신료의 종류가 다양하고, 식단은 풍요롭고 외양이 화려하다

중국은 어느 나라보다 맛을 내는 것에 대한 연구를 많이 하는 나라이며 향신료의 종류도 상당히 많으며 종류도 다양하다고 할 수 있다. 다양한 조리법과 더불어 조미료의 첨가와 향신료의 첨가로 인하여 더욱 다양한 요리를 선보일 수 있는 것이며 중국인들은 먹거리에 대한 허례허식이 상당히 많고, 요리의 가짓수도 많으며, 또한 요리는 눈으로 먼저 먹는다는 말이 있을 정도로 요리 구성에도 고전의 이야기를 넣어 식단을 구성하거나 화려한 모양을 조각하여 테이블에 올리기도 하고 접시에 식재료로 테마를 구성하기도 한다.

6) 요리의 색 · 향 · 불 조절을 중요하게 생각한다

중국요리는 색감의 배열에 많은 신경을 기울이며 여기에 향을 첨가하여 후각적인 만족을 이끌어내는 특징을 가지고 있으며, 먹는 것이 입에 국한되지 않고 눈으로 먹는 것이 중요함을 인식하여 요리 주재료와 부재료의 색감의 배열에 신경을 쓴다. 중국요리는 불 조절이 90%라고 할 만큼 불 조절의 영향이 크며 똑같은 요리도 불 조절을 얼마만큼 잘하는지에 따라 요리의 품질이 좌우된다고 해도 과언이 아닐 듯하다.

❷ 중국음식의 코스별 분류

🔹 중국요리의 기본 코스

중국요리는 서양요리처럼 전채(前菜), 주요리(主菜), 후식이 기본 코스라고 할 수 있다. 메뉴를 중국어로는 '차이단(菜單)' 혹은 '차이푸(菜譜)'라고 하는데 자리의 성격에 따라 코스의 종류가 많아지기도 한다. 중국인들은 일반적으로 홀수를 불길하게 여기는 경향이 강하고 짝수를 좋아하므로 보통 전채 2종류, 주요리 4종류, 후식 2종류를 기본으로 하고 전채와 주요리 사이에 탕채(서양의 수프)를 첨가시키는데 많을 때는 전채 4종류, 주요리 8종류, 후식 2종류를 차리기도 한다. 중국요리도 양식의 코스와 비슷하게 서비스되며 일품요리(一品料理), 정탁요리(定卓料理), 특별요리(特別料理)와 주방장 추천 요리로 구성된다.

1) 조리방법에 따른 분류

🔹 전채(前菜)-qian cai

① 냉채(冷盤)-liang cai

전채로는 냉채가 많이 나오는데, 이는 식사를 하기 전에 술을 함께 곁들이면 좋다. 냉채라고 해서 반드시 차게 조리하라는 규율은 없다. 조리하자마자 뜨거울 때 테이블에 올리는 경우도 있다. 찬 요리 두 가지와 뜨거운 요리 두 가지를 내는 것이 보통이다. 냉채를 몇 종류 배합시켜 담아 내놓는 요리를 '병반(餠飯)'이라 하는데 접시에 담은 모양이나 맛의 배합에 세심한 신경을 써서 식욕을 돋우게 한다.

냉채는 재료의 종류에 따라 네 가지 냉채(四品冷菜), 다섯 가지 냉채(五品冷菜)가 있으며, 새 모양의 봉황냉채(鳳凰冷菜)도 있다. 조리법으로 무침요리인 반(拌)은 동물이나 식물 모두 사용 가능하며, 훈제요리인 훈(燻)은 동물이나 어류 등을 많이 사용한다.

② 열채(熱菜)

전채(前菜)의 하나로 더운 요리 중 가장 먼저 내는 요리이다. 질과 맛이 강조되는 요리로, 볶음이나 튀긴 것이 많고 분량은 주요 음식보다 적고 그릇은 냉채보다 조금 큰 것을 사용한다. 상어지느러미를 이용하는 요리나 전가복(全家福) 등이 있다.

탕채(湯菜)-tang cai

탕채는 일정한 규칙이 있는 것이 아니라 요리의 중간이나 끝에 나올 수도 있다. 하지만 연회에서 탕채는 열채가 다 나온 뒤에 나오는 것이 일반적인 순서이다. 고급 재료로 만든 탕채는 연회 중간에 나오기도 한다. 이 고급 재료로 만든 탕채를 '두채(頭菜)'라고 하며, 이 두채에 따라 연회의 명칭이 결정된다. 일반적으로 중국요리 코스에서는 탕이 두 차례 나오는데, 한 번은 앞에 설명한 두채가 나오고, 다른 한 번은 요리를 다 먹은 다음 식사와 함께 나온다.

주요리(大菜)-da cai

주요리는 탕(湯), 튀김(炸), 볶음(炒), 류채(熘菜 : 조미한 요리에 물전분을 얹은 요리) 등의 순서로 나오는 것이 일반적이나 순서에 상관없이 나오기도 한다. 대규모의 연회에서는 찜, 삶은 요리 등이 추가된다. 흔히 중국요리는 처음부터 많이 먹으면 나중에 맛있는 요리를 못 먹는다고 말하는 것은 정식 코스에서 기름진 음식이 나오기 때문이다. 또한 우리나라의 국이나 서양의 수프에 해당하는 탕채는 전채가 끝나고 주요리에 들어가기 전에 입안을 깨끗이 가시고 주요리의 식욕을 돋우게 한다는 의미로 나오는 요리로 주요리의 중간이나 끝 무렵에 내는 경우도 있는데 처음에는 걸쭉하거나 국물기가 많은 조림 등을 내며 끝에는 국물이 많은 요리를 낸다.

① 초채(炒菜)-cao cai

초채는 기름을 조금 넣고 만드는 볶음요리를 말한다. 탕에 녹말을 넣어서 만드는 것이 일반적인 요리법이며 일상적인 음식에서 반찬에 이르기까지 폭넓게 이용되는 요리이다. 중국요리에서는 그 가짓수가 가장 많다.

② 전채(煎菜)-jian cai

기름에 부치거나 지져서 수분 없이 만드는 요리의 명칭을 '전채'라고 한다. 적은 양의 요리나 부서지기 쉬운 식재료를 이용하여 모양을 예쁘게 해서 내놓기도 한다.

③ 작채(炸菜)-zha cai

튀김요리는 센 불로 짧은 시간에 열처리한 후 즉시 먹는 것이 가장 맛이 좋다. 또한 비타민의 파괴가 적으므로 중국음식에 있어서 생식을 적게 하여 발생할 수 있는 영향적인 면도 보완될 수 있는 요리라 하겠다. 중국요리에 있어서 작채는 완성된 요리로 인정해 줄 뿐 아니라 요리법의 한 단계로도 취급하며 튀긴 것을 다시 볶거나 찌거나 류(留)를 끼얹기 때문에 대단히 응용범위가 넓다. 튀김요리에는 닭고기 튀김, 갈비 튀김 및 소고기 튀김이 있다.

④ 민채(燜菜)-men cai

재료를 잘라서 먼저 물에 끓이거나 기름에 튀긴 후에 다시 소량의 소스와 조미료를 넣어 약한 불로 장시간 삶아서 재료를 연하게 하여 수분이 없을 때까지 졸이는 것을 '민채'라 하며 대표적인 요리로는 마파두부가 있다.

⑤ 증채(蒸菜)-zeng cai

수증기로 찜을 하여 익히는 방법에 속하는 것으로, 청증(淸蒸), 분증(粉蒸), 포증(包蒸)이 있다. 청증은 조미료에 재워 맛이 배게 한 재료를 그릇에 담아 수증기로 익히는 방법이다. 이런 방법은 재료의 신선도와 부드러움을 유지할 수 있으며, 푹 삶았지만 잘게 부서지지 않는다는 장점이 있다.

찜요리에는 닭찜, 삼겹살찜, 생선찜, 상어지느러미찜, 꽃빵, 딤섬 등이 있다.

⑥ 류채(熘菜)-liu cai

조미료에 잰 재료를 녹말이나 밀가루 튀김옷을 입혀 기름에 튀기거나 삶거나 찐 뒤, 다시 여러 가지 조미료로 걸쭉한 소스를 만들어 재료 위에 끼얹거나 조리한 재료를 소스에 버무려 묻혀내는 조리법이다. 류산슬과 채소요리가 있다.

⑦ 돈채(炖菜)-dun cai

장시간 걸리는 조리법에 속하는 것으로, 약한 불에서 장시간 끓이거나 오래 고는 요리를 말한다.

⑧ 고채(烤菜)-kao cai

건조한 뜨거운 공기와 복사열로 재료를 직접 불에 구워 익히는 조리법으로 가장 원시적이고 오래된 방법이다.

✿ 후식

코스의 마지막을 장식하는 요리이다. 앞서 먹었던 요리의 맛이 남아 있는 입안을 단맛으로 정리하는 의미가 포함되어 있으며 보통 복숭아조림, 중국약식, 사과탕, 음료, 과일 등 산뜻한 음식이 쓰인다. 중국요리의 코스에서 단 음식이 나오면 일단 코스가 끝났다고 보아야 한다. 코스 중간 이후에 나오는 딤섬도 후식의 일종이다. 단 음식 다음으로 빵이나 면을 들면서 식사를 끝내기도 한다.

점심(點心)-dian xin

점심은 짠맛의 것과 단맛의 것으로 나뉜다. 짠맛의 것은 면류, 교자 등의 일품으로 가볍게 식사를 대신할 수 있는 것들이며, 단맛의 것은 과자 또는 과자 대신이 된다. 보통 1~2가지를 대접한다. 한 가지의 경우 단맛의 것을, 두 가지의 경우 함께 대접한다. 쌀과자, 튀김과자, 찐만두, 국수 따위가 여기에 해당되며 때때로 용안(과일)을 내기도 한다.

2) 식단 작성 시 유의점

- 음식의 가짓수는 식탁에 앉을 인원수에 의해 결정한다.
- 음식의 가짓수는 인원수만큼 내거나 그보다 한 가지 정도 많은 것이 통례이며, 가능하면 가짓수는 짝수로 한다.
- 진한 맛의 음식에서 담백한 맛을 내는 음식으로 이어지도록 한다.
- 진한 색에서 연한색, 바다 산물에서 육지 산물로 이어지도록 한다.
- 조리방법의 중복을 피하고 볶음, 튀김, 찜 등으로 다양하게 준비한다.
- 주재료와 부재료는 생선, 육류(소고기, 돼지고기), 채소, 두부, 면 등이 골고루 들어가도록 한다.
- 단맛, 신맛, 쓴맛, 매운맛, 짠맛의 음식이 골고루 들어가도록 한다.

❸ 중국음식의 식사예절

중국음식은 개인별 식사가 제공되는 것이 아니라 하나의 음식을 가운데 놓고 각자 양만큼 덜어서 먹는 방법이다. 좌석은 주빈이 되는 손님이 가장 안쪽인 상좌(上座)에 앉도록 배치하고, 주인은 시중을 드는 사람이 드나드는 문 쪽의 하좌(下座)에 앉는다. 주빈의 좌우에는 주빈 다음으로 중요한 손님을 앉게 하고, 주인의 좌우에는 가까운 친지나 친구들을 앉게 한다. 음식이 나오면 주빈 앞에 놓아 먼저 먹도록 배려하고, 마실 술의 종류도 주빈에게 물어서 정하도록 한다.

중국 식탁에서 스푼은 탕을 먹을 때만 사용하고, 다른 음식을 먹을 때는 젓가락을 사용한다. 밥이나 국수는 젓가락을 사용하며 양손으로 먹을 때는 왼손에 스푼을 들고 음식을 덜어 담은 다음 오른손에 쥔 젓가락을 사용해서 먹는다. 밥이나 탕이 담긴 그릇은 손에 들고 입 가까이 대고 먹는다. 사용한 수저를 남에게 보이는 것은 실례이므로, 탕을 먹은 뒤 스푼은 뒤집어 놓는다.

껍질이 있는 새우요리는 우선 젓가락으로 몸통을 누르고 머리를 잡아떼어 안쪽에 들어 있는 내장을 먹고 난 다음, 몸통의 껍질을 벗겨 살을 떼어먹는다. 이때 입 속에 들어간 껍질은 손으로 꺼내도 상관없다. 껍데기째 만든 게요리를 먹을 때는 개인 접시에 다리 부분과 몸통을 한두 개씩 덜어놓고 먹는다. 살은 젓가락으로 발라서 먹지만 작은 토막은 껍데기째 입안에 넣고 먹어야 소스의 맛을 충분히 음미할 수 있다.

1) 기본적인 식사예절

① 중국음식은 한 식탁에 둘러앉아 큰 접시에 나온 음식을 여러 사람이 나누어 먹는 방식으로, 동석한 사람들이 식사를 즐길 수 있도록 하는 것을 중시한다.

② 좌석은 지정되어 있으므로 앉을 때 특히 주의해야 한다.

좌석 배치는 주빈이 되는 손님이 가장 안쪽에 앉고, 주인은 드나드는 문 쪽에 앉는다. 음식점에서 식사 초대를 받은 경우에는 지정하는 자리에 앉는다. 왜냐하면 음식 값을 지불하는 사람은 좌석으로 결정되기 때문이다. 계산하는 사람의 자리는 대개 손수건, 유리잔 등으로 표시되어 있다.

③ 중국의 음식은 우리와 같이 음식이 다 차려져 있는 나열형이 아니라 서양식같이 순서에 따라 하나씩 나오는 코스 형태이다.

④ 식탁의 차림은 중앙에 덜어먹을 때 쓰이는 접시가 놓이고, 왼쪽은 국을 담는 그릇, 오른쪽은 젓가락과 수저가 놓인다. 컵과 찻잔은 왼쪽의 안쪽에, 그 다음 상아나 나무로 만든 긴 젓가락과 사기로 만들어진 탕 수저가 수저받침 위에 놓여 있다.

⑤ 숟가락은 탕을 먹을 때만 사용하고 이외에 밥은 물론 모두 젓가락을 사용한다. 중

국의 젓가락은 멀리 있는 것을 집어야 하기에 한국의 젓가락보다 길며 표면이 매끄럽기에 음식을 집을 때는 주의해야 한다. 밥이나 탕이 담긴 그릇은 손에 들고 그릇은 입에 가까이 대고 먹는다. 사용한 수저를 타인에게 보이는 것은 실례이므로 사용 후 뒤집어 놓는다.

⑥ 생선요리가 나오면 생선 머리는 손님 쪽을 향하게 하고 제일 상석에 있는 사람이 먹는다. 특히 생선을 먹을 때는 절대 뒤집지 않는다. 이는 배반의 의미와 연해지역에서는 배가 뒤집어진다는 생각 때문인데 연해지역에 사는 사람들에게는 거의 철칙처럼 통한다.

⑦ 회전식탁은 가운데가 돌아가게 되어 있다.

요리는 먼저 주빈부터 덜도록 배려하고, 주빈 옆에 앉은 순서대로 식탁을 돌리며 각자 먹을 양만큼 개인접시에 덜어낸다. 옆사람을 위해 회전식탁을 시계방향으로 움직여주는 것이 예의이다. 중국인들의 식사 모습을 보면 우리와 다른 점이 있는데 먼저 식사하는 광경은 왁자지껄하다. 워낙 먹는 것을 즐기는 민족이고 보니 먹는 장소가 가장 즐거운 곳이 되어 열심히 요리를 즐기며 이야기 꽃을 피운다. 우리는 깨끗하고 정갈하게 먹어야 예의인 줄 알지만 그들은 최대한 난장판이 되도록 먹어야 주인에 대한 예의가 된다. 그래서 식사가 끝난 뒤 탁자는 마치 전쟁을 치른 듯 폐허와도 같다. 또 나온 음식을 의무적으로 다 비울 필요는 없지만 그럴 경우 아직 양이 차지 않아 음식을 더 원한다는 뜻이 되므로 접시에 있는 음식은 약간 남기고, 그릇의 밥은 다 먹는다. 중국인들은 음식을 넉넉히 주문하여 1/3 정도 남아야 풍성한 접대를 했다고 생각한다. 또한 남은 음식은 주인에게 포장해 달라고 할 수 있으며 포장해서 가져가도 실례가 되지 않고 오히려 초대자는 만족스러워한다. 우리와는 약간 상반되는 식사예절일 수 있다. 중국은 전통적으로 둥근 식탁에 둘러앉아 식사를 하는데 보통 좌석은 신분에 따라 위치가 정해져 있기 때문에 앉을 때 항상 주의해야 한다.

2) 중국요리 코스에 따른 식사예절

① 차(茶)-cha

중국차를 낼 때 두 종류가 있다. 하나는 찻잔에 뚜껑이 곁들여 나왔을 때 뚜껑을 조금만 뒤로 제쳐서 위에 떠 있는 차의 잎이 나가지 않도록 걸러서 마시는 방법이고, 찻잔만 나왔을 때는 입으로 윗면에 찻잎을 불어서 잎이 입에 들어가지 않게 마신다. 차를 더 원할 때 뚜껑을 열어 놓으면 주인이 끓인 물을 부어준다.

② 술(酒)-jiu

요리가 나오기 시작하면 주인은 주빈부터 술을 따라주는데, 모두에게 따라주면 같이 건배하고 식사가 시작된다. 술은 대개 소홍주가 많으며, 이 술에는 얼음사탕을 넣는다. 그러나 요즘은 맥주와 백주도 같이 즐겨 마신다. 또한 술을 마시면서 사람들과 게임을 하여 여흥을 즐기기도 한다.

③ 치엔차이(前菜)-qian chai

전채를 먹을 때 공통적으로 주의할 점은 젓가락으로 집었으면 작은 접시에 놓지 말고 바로 입으로 가져가는 것이다. 그러나 부인의 경우는 왼손에 작은 접시를 쥐고 받쳐서 먹으면 보기가 좋으며 이때도 집은 전채를 접시에 놓지 않는다. 전채는 식어도 상관없는 요리가 많으므로 끝날 때까지 식탁에 그대로 내놓고 도중에 집어먹어도 된다.

④ 탕차이(湯菜)-tang chai

대개의 경우, 국은 큰 그릇에 함께 담겨서 나오므로 주빈부터 각각 자기 앞에 놓여 있는 접시를 가까이 가져간 다음, 국물과 건더기를 함께 덜어서 자기 스푼으로 먹는다.

⑤ 따차이(大菜)-da chai

큰 접시에 담겨서 나오는 경우가 많으나, 자기 앞의 개인접시에 담아 먹는다. 여러 재료가 함께 들어 있는 요리를 먹을 때 자기가 좋아하는 것만 골라서 자기 개인접시에 덜어 놓는 것을 피한다.

⑥ 점심(點心)-dian xin

따차이가 끝나면 후식인 점심이 나온다.

• 빠스(拔絲)-ba si

캐러멜이나 설탕을 녹여 묻힌 빠스는 젓가락으로 집으면 가는 실같이 뽑혀 나온다. 뜨거운 것이므로 옆에 놓인 물이 담긴 그릇에 재빨리 담갔다가 건져서 먹는다.

• 만토우(饅頭)-man tou

자기 접시에 하나 가져와서 반으로 자른 다음, 반은 접시에 놓고 반은 쥐고 한 손으로 떼어서 입에 넣는다. 입으로 베어 먹는 모양은 보기가 좋지 않다.

제 **4** 장

중국요리의 지역적 특징

중국 지방요리의 분포도

- 중국의 사대 지방요리 : 강소성, 산동성, 광동성, 사천성
- 중국의 팔대 지방요리 : 안휘성, 복건성, 절강성, 호남성
- 중국의 십대 지방요리 : 북경, 상해

중국요리는 재료의 생산, 조리기술, 풍미특색의 차이에 따라 역사적으로 많은 지역을 형성하였다. 각 지역 간의 상호 영향으로 약간씩의 공통점이 생겨나 비교적 큰 지역단체, 즉 요리계통이 형성되었다.

그 특징은 어떤 독특한 조리방법, 특수한 맛내는 방식과 맛내는 수단, 많은 종류의 맛내는 원료, 간식에서 연회에 이르기까지 일련의 요리방식을 가지고 있는 것이며, 요리계통이 형성되기까지에는 경제, 지리, 사회, 문화 등의 많은 요소가 필요하다.

그중에 주요한 요인으로는 풍부한 생산물, 유구한 전통이 있어야 하며, 조리기술에 능숙한 인재와 풍미 음식점이 있어서 조리문화에도 상대적인 발달이 있어야 한다. 중국은 요리계파에서 일반적으로는 사대요리로 분류하고 있지만 이외에도 팔대 지방요리, 십대 지방요리 등이 있다.

중국요리는 크게 황하유역, 북방지역 산동요리의 영향을 받아 형성된 북방요리와 장강(長江)유역, 회하(淮河)유역, 상강(湘江)유역, 주강(珠江)유역의 요리를 일컫는 남방요리로 분류된다. 황하유역 및 기타 북방은 산동요리를 대표로 하고, 장강유역의 하류는 회양요리를, 장강의 중상류는 사천요리를, 주강유역은 광동요리를 그 대표로 한다. 이들 산동(山東), 강소(江蘇), 사천(四川), 광동(廣東)요리를 중국의 사대요리 계파라 할 수 있으며, 더하여 절강(浙江), 안휘(安徽), 복건(福建), 호남(湖南)을 중국 팔대요리 계파라고 칭한다.

❶ 산동요리(山東菜 : 魯菜-lu chai)

산동요리의 주요 계파로는 현재 산동성의 수도인 제남을 중심으로 하는 제남요리와 복산요리가 있다. 제남요리는 제남 이외에도 덕주와 태안 등 산동성 내륙지역의 요리를 대표한다. 또 다른 계파인 복산요리는 복산, 연대와 청도를 중심으로 발전되어 왔다. 이 지역은 모두 바닷가에 위치했기 때문에 자연 해산물을 중심으로 하는 요리들이 발전해 왔다. 산동은 중국 고대문화 발원지의 하나로 대문구(大汶口) 등지에서 회도(灰陶), 홍도(紅陶), 흑도(黑陶) 등 취사기구가 출토되어 신석기시대 제노(齊魯) 일대에 초기 문명이 번영하였음을 입증해 주고 있다. 산동요리의 시발점은 춘추전국시대이며, 남북조시대에 와서 발전하기 시작하여, 원, 명, 청 삼대 왕조를 거치는 동안 군중에 의해 인정받아 한 유파를 이루기에 이른다.

춘추전국시기의 공자와 맹자도 먹는 것에 대해 많이 논의하였는데 이것으로도 이 시기에 조리가 이미 상당한 수준에 도달하였다는 것을 미루어 알 수 있다. 『제민요술(齊民要術)』에는 북방요리의 자료를 수집하고 기재하여 산동요리의 일부분을 찾아볼 수 있다. 산동요리는 황하유역 중·하류 및 기타 북방지역과 동북까지 영향을 미쳐 '북방요리'의 대표가 되었다.

산동요리는 재료의 선택이 광범위하고, 가축, 해산물, 채소 등의 재료로 폭(爆), 류(熘), 고(烤), 과파(鍋巴), 발사(拔絲), 밀즙(蜜汁) 등의 조리방법을 즐겨 사용하며, 조리법 가운데 아주 특이한 것으로는 '폭(爆)'이 있다. 폭은 강한 불로 재빨리 볶아 신선하면서도 부드러운 맛을 내는 기술이다. 또 다른 특징의 하나는 파의 향기를 빌려서 맛을 내는 기술이다. 음식은 약간 짠맛이 있고 신선하며 향기로우면서 바삭거리고 부드러운 특색이 있다. 주로 간장, 파, 마늘 등의 재료를 넣어 양념하고, 맑은국을 사용하므로 맛이 아주 뛰어나다. 산동요리는 북방요리를 대표하며 해산물 요리가 비교적 유명하다. 조미료에 의해 맛을 내기보다는 요리재료 본래의 맛을 중요시한다. 짠맛과 동시에 담백함과 부드러움에도 주의하여 요리한다. 요리에는 총소해삼(葱燒海參 : 대파와 해삼 불린 것을 볶아낸 요리), 해황어시(蟹黃魚翅 : 샥스핀과 게알을 배합하여 만든 요리), 발사사과(拔絲苹果 : 뜨거운 설탕시럽에 사과를 입혀낸 요리) 등이 있다.

❷ 강소요리(淮揚菜 : 蘇菜-su chai)

회양(淮揚 : 강소성 양주지방)요리는 춘추전국시대의 진(秦)나라에서 기원된 것이 수당(隋唐)에는 이미 그 명성이 널리 알려져 있었으며, 청(淸)나라에 와서는 하나의 유파를 이루게 되었다. 양주는 구주(九州)의 하나로 수나라와 당나라 이후부터 관리되기 시작하였다. 이곳은 장강과 운하 교통의 요충지로 역대 조운(漕運)의 중심이 되었다. 명나라와 청나라 시기 소금 운송은 양주에서 하고 조운은 회음(淮陰)에서 하여 배가 지나는 길에 반드시 정박해야 했으므로 이곳에 상인이 운집하여 경제가 번영하였다. 때문에 요리사업도 발달하여 먼 곳까지 전파되었으며 요리사가 많았고, 장강 중·하류와 동남 근해 일대까지 그 명성이 알려졌다. 형성에 따른 풍미 특색으로 회양요리는 중국요리계가 공인하는 사대 요리의 하나이다. 재료는 수산품 위주이고 돈(燉), 민(燜), 외(煨), 취(醉) 등의 방법이 많으며 맛은 깨끗하고 신선하며 설탕을 즐겨 사용한다. 회양(淮揚), 금릉(金陵), 소양(蘇錫), 서해(徐海), 상해(上海) 등의 지방요리로 구성되어 있다.

회양요리의 공통된 특징은 재료 선택이 엄격하고 수산물과 가금류, 난류의 이용이 많으며, 돼지고기를 이용한 요리가 유명하고 각지의 요리는 특색이 있다는 것이다. 주재료가 특출하고 칼 기술을 연구하고, 불의 세기를 중요하게 생각하며 조형이 품위 있고 수준이 높으며, 수박으로 조각하여 정결하고 아름다움이 있고 본래의 맛을 중요시한다. 맛은 청결하고 신선하며 신맛과 단맛이 있고, 면을 많이 사용한다.

수원식단(隋園食單)에서는 "使一物各獻一性, 一碗各成一味(한 가지 물질로 각각 한 가지 성질을 나타내고 한 그릇으로 각각 한 가지 맛을 나타낸다)"라는 특징이 있다고 말한다. 대표적인 요리로는 청돈해분사자두(淸燉蟹粉獅子頭), 대저건사(大猪乾絲), 삼투압(三套鴨), 수정효육(水晶肴肉), 송서궐어(松鼠厥魚), 양계취선(梁溪脆鮮) 등이 있다. 모두 요리방법이 섬세하고 모양이 아름다우며, 우아한 특징이 있다.

❸ 사천요리(四川菜 : 川菜-chun chai)

사천요리는 고대 파국(巴國), 촉국(蜀國)에서 기원하며, 진(秦), 한(漢), 서진(兩晉)시기에는 천미(川味)라 하여 지(志), 부(賦)에 기재되어 있고, 당나라와 송나라에 이르러서는 시문(詩文)에서 더욱 그 맛을 칭송하였다. 아울러 중원에 위치하여 각 지방의 장점을 취해 지방 풍미가 농후한 특색 있는 요리 계통을 이루었다. 사천요리는 명나라와 청나라 이후에는 널리 해외까지 영향을 미쳤다. 사천요리는 또 야생의 특산물을 이용하지만, 맛은 그곳 특유의 조미방식을 많이 사용한다. 맛이 매우 다양하며 진하고, 담백하고, 깨끗하고, 신선하다. 한 가지 요리가 한 가지 형식이며 백 가지 요리로 백 가지 맛이 난다. 지리, 기후 등의 요소로 인해 매운 고추, 산초가 많이 사용되며 일반 가정 풍미로는 아린 맛과 맵고 독특한 향이 있는 것으로 유명하다. 전(煎), 초(炒), 건소(乾燒) 등의 조리법을 즐겨 사용한다. 사천요리의 풍미는 장강 중·상류 및 귀주(貴州), 운남(云南)까지 영향을 미쳤다. 이곳들은 중국의 오지로 습기가 많고 산지이기 때문에 식품의 저장을 생각해 절임류(짠지, 작채)가 발달하였다. 또한 호수나 강·바다와 멀리 떨어져 있기에 식재료 운용에서 한계성이 있었으나 발효와 저장성 있는 소스를 채소와 고기에 응용하여 풍미를 완성하기도 하였다.

사천요리의 세 가지 특징

- **지리적 조건** : 사천을 천부(天府)의 나라라고 한다. 밭이 많고 강이 가로세로로 연결되었고 자연조건이 우월하기에 때문에 요리 재료 역시 풍부하다.

- **풍속 습관** : 동진(東晉)시기 서남지구의 고대 역사를 보면 화양국지.촉지(華陽國志.蜀志)에서 파(巴)·촉(蜀)사람들의 음식 풍속 습관이 매운 것과 향기로운 요리를 많이 먹는다고 하였다.
  동진으로부터 연회석이 점점 많아지기 시작하여 청나라에 이르러 연회석이 더 많아졌다.

- **가져오다** : 사천요리는 중국 각지 요리의 장점을 지속적으로 흡수한다. 궁중요리, 관부요리, 민족요리, 도교·불교사원 요리 등에서 가져오는 것을 실행하였다.

사천요리는 오래도록 맵고 향기로운 것을 좋아하였으며 마랄(麻辣)을 잘 사용하는 것으로 유명하다. 대표적인 요리로는 과파삼선(鍋巴三鮮, 쌀밥누룽지에 여러 가지 재료를 넣고 걸쭉하게 만든 소스를 식탁에서 끼얹어 먹는 요리), 회과육(回鍋肉, 삶은 돼지고기를 사천풍으로 다시 볶아낸 요리), 마파두부(麻婆豆腐, 두부와 간 고기를 두반장에 볶은 요리), 어향육사(魚香肉絲, 돼지고기에 절인 고추를 넣고 볶은 것)가 있다. 사천요리는 오늘날 "맛 하면 사천(味在四川)"이라는 영예를 얻고 있다.

④ 광동요리(廣東菜 : 粵菜-yue chai)

광동요리는 매우 오랜 역사를 가지고 있는데, 한위(漢魏), 남북조(南北朝)시대에 이미 문헌에 나타나기 시작했으며, 청나라 말기에서 민국 초기에 이르러서는 세계적인 명성을 얻었다. 다양하고 신선한 재료를 사용하고, 그 조리방법 또한 다양하며 모양이 아름답고, 수많은 특이한 식재료를 사용한 것이 특징이다.

광동 지역은 중국대륙의 남쪽 끝, 동남 연해에 위치하여 기후가 온화하고 재료가 풍부한 것이 특징이다. 광주(廣州)요리, 조주(潮州)요리, 동강(東江)요리가 유명하며 그중 광주 요리를 대표로 한다.

근래에는 서양요리 기술을 흡수 융합하여 선명한 지방 특색과 풍미를 형성하였다. 광동요리는 재료 사용의 범위가 넓고 기이하여 '식재광주'라는 표현을 사용하기도 한다. 식재료의 응용 범위가 넓고 다양하기에 그에 맞는 조리기술도 매우 다양하다. 특히 초(炒), 국(焗), 포(泡) 등의 조리법이 있고 맛은 깨끗하고 신선하며 시원하고 부드럽다. 아울러 양생(養生)의 효과도 중시한다.

상어지느러미, 제비집, 녹용 등의 특수재료를 이용하고 뱀, 원숭이, 사향고양이 등을 이용한 요리도 있어 중국에서 요리라 하면 광동요리가 제일이라고 말할 수 있다.

❺ 호남요리(湖南菜 : 湘菜-xiang chai)

마오쩌둥의 고향인 호남의 요리는 장사(長沙), 형양(衡陽), 상담(湘潭) 지역의 요리가 대표적이다. 호남요리의 주요 특징을 보면 칼 사용법이 훌륭하고 모양과 맛이 모두 좋으며, 시큼하고 사천요리와 비슷하게 매운 요리가 많고, 향기롭고, 연하며, 바삭한 특징을 가지고 있으며, 요리의 기법이 다양하고 능수능란하다. 많이 사용되는 조리법으로는 소(烧), 증(蒸), 훈(熏) 등이 있으며 특히 증(蒸)을 이용한 요리가 많다. 호남요리는 매운 맛을 중시하는데 이것은 호남의 지리적 위치 및 기후의 특징과 밀접한 관계가 있다. 습도가 비교적 높아 습한 기운을 해소하기 위해 고추 먹는 습관을 가지게 되었다. 호남요리의 4가지 특징으로는 재료 선택이 정교하고, 칼기술 및 배합되는 재료의 정교함과 세밀함, 많은 조미품의 사용, 정교하고 섬세한 기술공예 등이 있다.

조록어시(組鹿魚翅)는 상어지느러미 요리이며, 빙탕상련(氷糖湘蓮)은 호남요리에서 이름난 단맛 음식이다. 또한 호남요리에는 오리요리가 유명한데 호남에서 나는 회색빛 오리의 골수가 아주 많아 맛있기 때문이다. 이 밖에 닭요리도 상당히 유명한데 이름난 동안자계(東安子鷄)는 닭고기가 기름지고 연하며 맵고 신선한 향기가 풍긴다. 그 외에 호남의 동정호(洞廷湖)에도 특색 요리가 있다.

❻ 절강요리(浙江菜 : 浙菜-zhe chai)

절강요리는 오늘날 훌륭한 요리가 3천 가지 이상이 된다는 영예를 누리고 있다.

절강요리의 공통된 특징을 보면 재료를 사용하는 데 해박하며, 배합에 엄격하다. 주재료를 중시하여 어울리는 품종의 배합재료와 조미료를 사용하여 주재료가 두드러지게 하며, 신선하고 향기로움을 증가시키고, 비린 맛과 느끼함을 제거한다. 칼 기술이 정밀하고, 형태가 남다르며 불 조절을 중시하며 깨끗하고 신선하며, 연하고 상쾌하여, 우러나는 맛과 조미 맛이 어우러진 절강요리는 중국의 동남 연해에 위치하고 동쪽으로는 바다에 인접해 있어 중국에서 섬이 가장 많은 곳이다. 기후가 온화하고 강수량이 풍족하며 사계절이 있고 생산물이 풍부하고 종류도 다양하다. 항주(杭州), 영파(寧波), 소흥(紹興) 세 곳의 맛으로 이루어졌는데 그 가운데서도 항주요리가 가장 대표적이며 이름이 널리 알려지고 있다. 항주요리는 폭(爆), 초(炒), 회(燴), 작(炸) 등의 요리기술이 장점인데 요리가 신선하고, 시원하며 우아하고 정교하다. 또한 해산물 요리에 능숙하여 이름난 요리로는 용정하인(龍井蝦仁), 서호초어(西湖醋魚), 생폭선편(生爆鮮片), 박편화퇴(薄片火腿) 등을 들 수 있다.

영파(寧波)요리는 해산물 요리가 유명한데 신선하고 짠맛이 조화를 이루어 찌고, 굽고, 삶는 것이 요리기법의 특징이며 야들야들하고 부드럽고 매끄럽고 원래의 맛을 중시하며 색깔이 부드럽고 진하다.

소흥(紹興)요리는 향기롭고 걸쭉하며 탕의 맛이 진하다. 강물에서 나는 생선과 가축 요리가 특징인데 짙은 향토 맛을 풍긴다. 이 밖에 두부요리와 소흥주(紹興酒)도 상당히 특색이 있다.

항주요리에서는 동파육(東坡肉)이 가장 유명한데 문인 소동파가 만들어낸 요리라고 전해지고 있다. 돼지의 삼겹살을 이용하여 크게 토막낸 후 솥에 파와 생강을 넣고 껍질이 아래로 향하게 토막 낸 고기를 배열하고 소흥주, 간장 등 양념과 파를 넣고 덮개를 덮은 후 종이로 밀봉한다. 강한 불로 끓인 후 약한 불로 80% 정도 익히고 나서 고기를 뒤집은 후 다시 약한 불로 고기를 푹 익힌다. 고기를 꺼내어 도자기 그릇에 넣고 찜솥으로 옮겨 고기가 말랑해질 정도로 푹 찐다. 이 요리의 특징은 고기가 기름지고 부드럽고 쫀득하며 맛이 좋고 향기가 순수하고 입에 넣으면 녹는데 전체 모양이 흩어지지 않는다는 것이다. 이 요리는 널리 사랑받고 있다.

❼ 복건요리(福建菜 : 閩菜-min chai)

복주(福州), 민남(閩南), 민서(閩西)의 세 곳이 복건요리를 대표한다. 복건요리는 해산물 요리로 유명한데 짠맛, 신맛, 매운맛, 연하고 신선하고, 순수하며 향기롭고 기름지지 않은 특색이 있다. 복건요리는 오랜 역사 이래로 선택하는 식재료는 정교하고 세밀하며, 칼 기술이 엄격하고 불 조절에 연구를 많이 한다. 탕으로 조절하기 및 보조재료에 대한 연구를 많이 한다. 게다가 색, 향, 맛, 형태의 전제하에 요리기법에는 구체적으로 세밀한 칼기술, 탕요리의 중시, 조미의 특별함, 다양한 요리방법 등과 같은 네 가지 특징이 있다. 불도장(佛跳墙 : 중이 담을 넘다)은 세계적으로 유명한 요리이다. 이 요리는 재료 선택이 까다롭고 불과 시간에 신경을 많이 쓰며 끓이는 그릇의 선택에 독특한 점이 있다. 때문에 짙은 향기가 사방에 풍기고 맛이 풍부하고 순수하며 부드럽고 연해서 입에서 녹는다. 주요 재료는 상어지느러미, 부레, 해삼, 버섯, 돼지다리, 닭다리, 화퇴(火腿), 닭가슴살, 닭뼈, 오리고기, 패주 및 향주(香酒) 등이다. 재료들을 깨끗이 씻어 살짝 데친 후 직사각형으로 썰어서 그릇에 넣은 다음 양념한 뒤 재료를 놓고 찜통에 넣은 다음 강한 불로 쪄서 큰 단지에 담은 다음 향주를 넣고 연잎으로 덮고 단지를 밀봉해서 강한 불로 끓인 뒤 약한 불로 푹 익힌다. 먹기 10분 전에 덮개를 열고 연잎에 구멍을 몇 개 뚫어 향주를 부어넣고 5분간 끓여서 술 냄새가 사방에 풍기면 먹을 수 있다.

❽ 안휘요리(安徽菜 : 徽菜-hui chai)

안휘요리는 역사가 매우 오래되었으며 기술 공예가 세밀한 중국의 8대 요리 중 하나이다.

안휘요리는 산속의 진귀품과 강물의 물고기, 자라 등으로 만들어 특색이 있으며 음식 모양에 신경을 쓴다. 안휘요리는 연강(沿江), 연회(沿淮)의 맛을 포함하고 있는데 연강요리는 강에서 잡히는 물고기, 집에서 기르는 가축 요리에 능숙하며 간장으로 볶기, 찜,

연기로 훈제하는 등의 기법으로 유명하다. 연회요리는 볶고, 튀기고, 전분을 이용해서 볶기 등에 익숙하며 짜고 신선하며 약간 맵고 국물도 걸쭉하다.

연강의 이름난 요리 중 조리법을 한 가지 소개하면 살찐 어린 닭을 골라 간을 맞춘 후 천천히 낮은 온도에서 익힌다. 그 과정에 많은 양념을 이용하며 또 연잎으로 싸서 닭고기가 수분을 잃지 않게 하고 맛이 스며들게 해서 맛과 향기가 짙다. 엷은 병(餠)과 익은 닭고기, 죽순, 푸른콩, 버섯으로 만든 오사국(五絲湯)을 양념으로 먹으면 목을 적시는 맛이 한결 기분을 돋운다. 비둘기를 재료로 하는 요리는 먼저, 비둘기를 찬물에 넣어 깨끗이 씻은 뒤 진흙 가마에 넣고 생강, 산약 조각, 닭육수, 소흥주, 얼음사탕 및 기타 양념을 넣고 덮개를 덮은 후 찜통에 넣고 찜을 하여 익은 후 닭기름을 바르면 곧 먹을 수 있다. 이 요리의 특징은 국물색이 희고 비둘기 고기가 부드럽고 산약이 향기로우며 찜통에 찜을 하여 만든 것이기에 원시적인 맛이 잘 보존되었다는 것이다.

중국 명차 황산모봉(黃山毛峰)과 양자강의 진귀한 특산물인 준치를 이용한 안휘의 훈제요리가 유명하다.

❾ 기타 지방요리

위에서 소개한 지방요리 외에도 다양하고 독특한 맛의 지방요리가 많다.

흑룡강(黑龍江)요리는 주로 흑룡강의 야산 진귀품, 수산물, 날짐승을 주요 재료로 하여 삶고, 데우고, 볶고, 생식하는 등의 기법을 사용한다. 그 특징은 기이하고, 신선하고, 시원하고, 보양에 좋다. 유명한 요리로는 장상명주(掌上明珠)가 있다.

섬서(陝西)요리의 특징은 요리기술이 좋고 향토 맛이 짙으며, 맛이 독특하고 순수한 것이다. 당나라 때를 모방해서 근래에 발전된 요리는 그야말로 기묘하다. 유명한 재료로는 계황과 계분, 소고기, 찹쌀과 붉은 대추, 물고기알, 아직 부화하지 않은 달걀, 자라, 메추리, 토끼고기 등으로 다양하다.

산서(山西)요리는 특별히 양생(養生)을 중시하고 황호(黃湖)요리 계통에 속하며, 6가지 유형으로 나뉜다.

① 역사와 전통이 있는 유명한 요리이다.

② 지방 품격의 요리이다.

③ 양생에 유리한 요리이다.

④ 가정의 일상 요리이다.

⑤ 스님들의 요리이다.

⑥ 개혁되고 새롭게 만든 요리이다.

이상을 개괄하면 산서요리의 특징은 아래와 같다.

불에 굽기, 삶기, 숯불에 굽기 등 기법이 훌륭하며 광동요리보다 과정이 복잡하고 기술이 다양하다. 양생에 주의를 돌려 북방의 진귀한 보약 약재들이 보조재료로 요리에 들어가며 보통 재료로 정교하게 만든다. 두부, 쑤안차이(酸菜) 등은 극히 일반적인 재료이지만 정교한 가공을 거쳐 고급 요리를 만들어낸다. 향기가 짙고 맛이 진하며 원시적인 맛을 중시하고 씹는 맛이 연하며 맛이 순수하고 뒷맛이 아주 좋다.

영하(寧夏)요리는 영하가 여러 민족이 함께 사는 지구이기에 짙은 지방 특색을 가지고 있다. 영하 지구의 한족(漢族)은 짜고 매운 것을 즐기고 겨울에는 시큼하고 매운 것을 즐기는데 특히 술을 마신 후 酸菜(쑤안차이)로써 술을 깨고 기름진 것을 제거한다. 영하 지구의 회족은 단 음식을 즐기고 이슬람 요리를 기본으로 하며, 간이 음식으로는 란주라면(蘭州拉面)이 유명하다.

감숙(甘肅)요리도 지방 특색이 짙지만 관내 지구 요리기술의 영향을 받아 유명한 요리가 많다.

내몽고(內蒙古)요리는 맛이 소박하고 양고기 요리, 불고기, 유지방 등의 요리에 능숙하다. 유명한 요리가 많은데 특히 초원의 전통요리인 수파육(手把肉)이 유명하다. 살찐 어린 양(거세한 것)을 골라서 가슴, 배 부위를 6.6cm 정도로 가른 후 배 속의 대동맥을 찾아서 엄지손가락으로 끊으면 양의 피가 흉강 내에 모이고 일부분은 살 속에 남는다. 다음으로 껍질은 벗기고 머리와 발 쪽을 잘라내고 내장과 피를 깨끗이 제거한 후 양을 큰 토막으로 나눈다. 그리고 물을 끓인 다음 고기를 넣고(고기가 물에 완전히 잠기게 한

다) 완전히 익지 않게 삶아서 칼로 잘라보아 익으면 접시에 담아서 식탁에 올린다. 이렇게 만든 양고기는 연하고 신선하며 별다른 맛이 있다.

요녕(遼寧)요리는 지방이 많고 맛이 좀 짠 편이다. 탕즙이 아주 진하고 신선하고 연하며 푹 익히는 것이 특징이며 요리의 모양이 예쁘고 색이 진하다.

길림(吉林)요리는 장춘과 길림 두 곳의 요리로 이루어졌다. 그 특징은 재료 선택이 넓고 맛과 향이 풍부하며 조리과정에서 칼과 도구 사용법이 세심한 것이다.

경진(京津)요리는 북경시와 천진시 두 곳의 지방요리를 가리킨다. 북경요리는 튀기기, 전분 넣고 볶기, 재료를 절반 익혔다가 수분을 뺀 뒤 기름에 튀기고 다시 기름을 빼고 양념과 함께 볶는 요리법, 불 위에 놓고 굽는 요리법, 불 속에 넣고 굽는 것을 주요 요리기법으로 사용하며 바삭바삭하고 향기롭고, 부드럽고, 신선한 맛이 특색이다.

천진(天津)요리는 한족요리, 회족(回族 : 이슬람)요리를 포함한다. 특히 강, 바다의 산물과 들 · 날짐승으로 특색을 보인다. 짜고 신선하고 연한 맛을 즐기며 신맛, 단맛, 매운 맛도 즐긴다.

무순(撫順)의 백육혈장(白肉血腸)은 만주족의 전통요리이다. 무순대주점(撫順大酒店)의 요리가 가장 특색이 있는데, 금방 잡은 살찐 돼지의 앞다리와 뼈 사이의 고기를 강한 불로 끓이고 약한 불로 푹 익을 때까지 삶으면 비계가 많지만 기름지지 않다. 돼지피와 신선한 국과 양념을 큰 그릇에 담아 식탁에 올리면 맛이 연하고 순수하며, 마늘과 고추 기름을 찍어 먹으면 먹을 때 입에서 향기가 넘친다.

이상으로 중국 각지의 지방요리들을 대략적으로 소개하였다. 각 지방에서 유명한 요리의 품격, 특징을 주내용으로 소개하였지만 대략적인 상황을 소개하였을 뿐이다.

중국대륙에서 발달한 요리를 총칭하여 '청(淸)요리' 또는 '중화(中華)요리'라고도 한다. 중국은 오랜 세월을 두고 넓은 영토와 넓은 영해에서 다양한 산물과 풍부한 해산물을 얻을 수 있어, 이들 산해진품을 이용한 요리는 불로장생을 목표로 하여 오랜 기간의 경험을 토대로 꾸준히 다듬고 연구되고 개발되어 현재는 세계적인 요리로까지 발전하게 되었다. 다양한 재료의 이용, 맛의 다양성, 풍부한 영양, 손쉽고 합리적인 조리법, 풍성한 외양 등이 중국요리로 하여금 세계 어느 곳, 어느 사람에게나 환영받게 하였다. 중국은 영토가 넓어 지역적으로도 풍토·기후·산물·풍속·습관이 다른 만큼 지방색이 두드러진 요리를 각각 특징 있게 독특한 맛을 내는 요리로 발전시켰다. 이처럼 독특한 개성을 지니고 발전해 온 각 지방의 요리는 잦은 민족의 이동과 더불어 상호 교류·보완되어 오늘날의 중국요리를 창출해 낸 것이다.

제 5 장

중국의 술(酒)과 차(茶)

❶ 중국술의 역사

    중국술의 역사는 오래되었다. 중국에 현존하는 진(秦)대 이전의 고서(古書) 중에서 술에 대해 언급하지 않은 책은 거의 없다. 그럼에도 불구하고 이러한 역사서 중에 술이 어떻게 발명되었는지에 대한 기록은 찾아볼 수 없다. 다만 훗날의 사서(史書)와 각종 서적에서 가장 일찍이 술을 제조한 사람에 관한 기록이 간간이 나오지만 이는 모두 확실치 않은 고대문헌에 근거한 것일 뿐이다. 가장 보편적으로 알려진 것이 전설상의 국가인 하(夏)나라 사람 의적(義狄)이 처음 만들었다는 설이다. 하지만 고서의 술에 관한 기록 중에는 위의 주장과 서로 모순되는 내용도 많다. 그리고 두 번째가 두강(杜康)의 술 제조설이다. 이 주장은 일부의 문인과 민간에서 특히 성했다. 그러나 수많은 역사의 기록에서는 주나라 훨씬 이전부터 이미 술이 있었다는 사실들이 명확히 드러나고 있다. 누가 술을 만들었고 또 언제부터 사람들이 마셨는지에 대해서는 의견이 분분하지만 중국인들에게는 수천 년 전부터 음주 습관이 있었으며 현재도 술 문화는 중국인의 생활양식 중에서 중요한 위치를 차지하고 있음은 틀림없다. 확실한 것은 중국에 있어서 술은 그저 술 이상의 의미를 갖고 있다는 것이다.

❷ 중국의 술

중국에서는 쌀, 보리, 수수 등의 곡물을 원료로 해서 술을 만드는데 그 지방의 기후와 풍토에 따라 만드는 법도 각기 다르며 같은 원료로 만드는 술도 그 나름의 독특한 맛을 지니고 있다. 북방지역은 추운 지방이라 독주(백주)가 발달하였으며 남방지역은 순한 양조주(황주)를 사용했다. 내륙지역은 초근목피를 이용한 한방차원의 혼성주를 즐겨 마시고 있다. 고대부터 지금까지 중국인들은 사람을 사귀고 인격을 논함에 있어 술이 중요한 척도로 인식되어 왔다. 술의 좋고 나쁨을 따지는 기준은 향기가 짙고, 부드러우며, 달콤한 맛이 있고, 뒷맛이 오래가는 점에 있는데, 이것은 중국인들이 사람을 품평하는 기준이 되기도 한다.

중국의 전통 술은 주로 백주(白酒)[한국에서 소위 '빼갈'(고량주)이라 한다]인데 술의 성질이 강렬하여 일반적으로 알코올 도수가 50~60도 정도로 매우 독한 것이 특징이며 수수, 옥수수, 벼, 밀, 소맥 등을 원료로 하고 투명한 색을 띠고 있다. 도수로만 따진다면 러시아의 보드카와 비슷하다. 술맛을 아는 중국인들은 대개 이 백주를 선호하며, 요즈음은 현대적 취향에 맞게 알코올 도수 40도 전후의 고량주도 많이 시판되고 있다. 또 하나의 전통 술로 황주(黃酒)를 꼽을 수 있는데 이 황주는 찹쌀과 쌀을 주원료로 하여 술색이 황색이며 약 10~15도 정도이다. 2300년의 전통을 자랑하며 특히, 소흥 지방의 황주가 제일 유명하다. 중국대륙에서는 '加飯酒(가반주)'라 하여 반주로 많이 마시는데 처음 마실 때는 간장 맛이 나지만 습관되면 그 끝맛이 오묘하다. 그 외에 포도주, 과실주, 약주, 맥주 등이 있다.

❖ 황주(黃酒)

저알코올 술(일반적으로 15~20도)로 황색이며 윤기가 있다 해서 그 이름이 붙여졌다. 황주는 곡물을 원료로 해서 전용 누룩과 주약(약초와 그 즙 등을 넣어 배합하고 곰팡이를 피운 것)을 첨가하여 당화, 발효, 숙성의 과정을 거쳐 마지막에 압축해서 만들어진다. 황주의 종류로는 소흥가반주, 심항주 등이 있다.

⚜ 백주(白酒)

백주는 중국을 대표하는 술이다. 고량(高粱) 즉 수수 등의 곡류나 잡곡류를 원재료로 해서 당화발효를 거쳐 증류하는 방법으로 만들어진다. 배갈(白干儿) 즉 고량주는 이 백주를 가리킨다. 보통 알코올 도수가 40~60도가 되고 아주 독한 것은 65도까지 되는 것도 있다. 백주의 종류로는 모태주, 분주, 오량액 등이 있다.

⚜ 과실주(果實酒)

과일을 직접 발효시켜 압착 양조해서 만드는 20도 이하의 저알코올 술로 포도주가 일반적이다.

⚜ 약미주(藥米酒)

한방약초 등을 사용하여 만든 술로 일반적으로 자양강장을 위한 술이기도 하다. 종류로는 오갈피나무의 껍질 등 10여 종의 약초를 고량에 넣어 만든 오가피주, 분주에 대나무잎 등의 약초를 넣어 만든 죽엽청주(竹葉靑酒) 등이 있다.

❸ 중국의 8대 명주(名酒)

현재 중국의 술 종류는 수백 종에 이르고 통상적으로 8대 명주, 10대 명주 등을 말하는데, 사람 혹은 지방마다 조금씩 그 평가기준이 다르다. 하지만 대체적으로 팔대 명주를 들 수 있다. 1949년 현재의 중국 정부가 수립된 이래 매년 주류품평회가 개최되었는데 중국의 5,500개 증류소에서 출품된 백주 중 뛰어난 술에 금장이 부여되었다. 1953년 연이어 다섯 번의 금장을 수상한 백주가 여덟 개였는데 이를 팔대 명주라 칭하게 되었다. 팔대 명주는 명주에 걸맞게 가짜도 매우 많다. 가짜 술로 인한 피해사고가 늘어남에 따라 진품을 구별하는 방법으로 붉은색 띠, 리본, 글자, 금메달표시 등의 방법이 생겨났다.

주명(酒名)	생산지(生産地)	알코올 도수(度數)
모태주(茅台酒)	귀주성(貴州省)	53%
오량액(五粮液)	귀주성(貴州省)	60%
동주(董酒)	귀주성(貴州省)	60%
죽엽청주(竹葉靑酒)	산서성(山西省)	53%
분주(汾酒)	산서성(山西省)	61%
노주특곡(蘆州特曲)	사천성(四川省)	45%
고정공주(古井貢酒)	안휘성(安徽省)	45%
양하주(洋河酒)	강소성(江蘇省)	48%

1) 마오타이(茅台酒)

중국 귀주성에서 생산하는 마오타이주는 알코올 도수가 53도이며 마오타이촌의 물로 생산된 것이라 하여 마오타이주로 불린다. 이 술은 고원지대의 질 좋은 고량과 소맥을 주원료로 7번의 증류를 거쳐 밀봉 항아리에서 3년 이상 숙성과정을 거친다. 숙성 후 혼, 배합과 포장을 한 뒤 엄격한 검사를 거쳐 합격품만 출고된다. 1915년 파나마 만국박람회에서 스카치위스키-코냑과 함께 세계의 3대 명주로 평가받은 계기로 세계 도처로 퍼져 애주가들의 사랑을 받고 있다.

2) 오량액(五粮液)

당나라 시대에 처음 양조된 오량액주는 고량, 쌀, 옥수수, 찹쌀, 소맥 등의 5가지 곡물로 양조하여 성공한 것으로 그 향기가 그윽하고 술맛이 순수하며 깨끗한 뒷맛이 일품이다. 중국의 증류주로서 가장 많이 판매되는 술이다.

3) 동주(董酒)

동주는 양질의 고량을 주원료로 산속의 순수한 산천수를 사용하고 여기에 130종의 유명 약재를 첨가하여 만든다. 풍성한 향과 오묘한 맛을 지니고 있다.

4) 죽엽청주(竹葉靑酒)

죽엽청주와 분주를 생산하는 산서성은 중국술의 전통적인 발원지이기도 하다. 죽엽청주는 고량을 주원료로 10여 가지의 천연약재를 첨가, 양조한 술로 음주 후에 나타나는 두통 등의 부작용을 전혀 느낄 수 없으며 기(氣)를 충족시킬 뿐 아니라 혈액을 잘 순환시키는 것으로 평가된다.

5) 분주(汾酒)

1500년의 역사를 자랑하는 분주는 알코올 도수 61도의 고도주(高度酒)로 술 빛이 맑고 빛이 난다.

6) 노주특곡(瀘酒特曲)

45도의 노주특곡은 4백 년의 역사를 지닌 사천성에서 생산되며 향기가 농후하고 순수한 것이 특징이다.

7) 고정공주(古井貢酒)

고정공주(45도)는 술 중의 모란꽃이라는 별명을 갖고 있다. 삼국지의 조조가 화타의 고향 안휘성의 고정(古井)물을 이용하여 만든 이 술을 한제에게 조공을 올려 황제의 칭찬을 받았다고 하는 것이 고정공주(古井貢酒)란 이름이 붙은 유래가 되었다.

8) 양하주(洋河酒)

'양하대곡'이라고도 불리는 양하주는 강소성에서 생산되는데 중국 국내는 물론 여러

대회에서 상을 받았다. 중국의 평주가들은 양하대곡이 달콤하고 부드러우며 연하고 맑고 깔끔한 향기 등 다섯 가지의 특색을 지니고 있어 음주량을 초과하더라도 음주 후 나타나는 불편한 증상이 전혀 없다고 입을 모으고 있다.

❹ 중국의 술문화

① 중국요리에 꼭 올라오는 생선요리는 손님 중 지위가 가장 높은 사람 쪽으로 머리가 향하게 놓는다. 이때 상석에 앉은 손님은 '어두주(語頭酒)'라 하여 먼저 한 잔을 비워야 한다.

② 식사가 시작되면 주인이 손님들에게 돌아가면서 술을 권하는데 보통 첫 잔은 건배(乾杯 : 잔을 완전히 비운다)한다. 또 상대방의 술잔에 술이 얼마가 남았든 첨잔하는 것이 예의다. 상대방이 술을 따라줄 때 연거푸 절해 감사의 뜻을 표하기도 하지만 검지와 중지로 탁자를 가볍게 두드리는 것으로 대신하기도 한다.

③ 술 마실 때 부지런히 권하고, 혼자 잔을 들어 마시고 내려놓는 법이 없지만 술잔을 돌려가며 바꾸어 마시지는 않는다.

④ 술을 못하는 경우에는 음료수 잔을 들어 상대방에게 술을 권해도 실례가 아니다. 상대방이 술잔을 들어 자신에게 권했을 경우 음료수를 마시는 것으로 화답해도 무방하다.

⑤ 주의해야 할 말은 건배(乾杯). 중국에서 건배는 말 그대로 '잔을 비우라'는 뜻이다. 건배를 외치고 난 후 잔을 비우지 않으면 이상한 사람으로 오해받을 수도 있다. '마시고 싶은 만큼 마시자'라는 뜻으로는 수의(隨意)라는 말이 있다.

어찌 보면 우리의 음주문화와 다른 부분이 많아 보이나 그리 걱정할 필요는 없다.

❺ 중국차의 기원

중국이 차 원산지의 하나와 더불어 세계에서 가장 중요한 차의 나라가 된 까닭이 무엇인가에 대한 의문을 가질 수 있다. 이는 중국이 차나무를 처음으로 발견하고 이용하기 시작한 이유로 차에 있어서 지금의 위치에 이를 수 있었던 것이다. 차의 대표적인 원산지로 중국과 더불어 인도를 꼽을 수 있다.

당나라 육우(陸羽)가 쓴『다경(茶經)』을 보면 중국은 오래전부터 차를 마셔왔다는 기재가 있다. 여기서 신농 황제에 대한 기록이 진실인지 확인할 수는 없지만 이를 통하여 차를 마시기 시작한 기원을 알아볼 수 있다. 고대 중국인들은 차의 효능 때문에 약초의 개념으로 차를 접하다가 저장법이 발달하여 기호음료로 사용하였을 것이므로, 음료 차의 유래는 농경사회의 식생활 문화와 더불어 발전되었다고 볼 수 있다.

❻ 중국차의 역사

중국에서 언제부터 차를 마셨는가에 대해 분명하게 말할 수 없지만(신농 때부터라고 하지만), 중국에는 적어도 3000년 전에 차가 있었다고 본다. 그러나 문헌상 차 마시기를 즐기는 실제 인물이 등장하는 것은 BC 59년의 일이다. 그 후 위진(魏晉)시대에 접어들기 직전에 차가 사치품 가운데 하나였으며,『진중흥서(晉中興書)』에 의하면 동진(東晉)시대에 사안승(謝安曾)은 손님을 초청하여 다과를 내놓았다고 한다. 이런 사실들로 보면 왕실이나 귀족사회에서는 차 마시는 습관이 상당히 보편화되었음을 알 수 있다. 남북조(南北朝)시대인 5세기 무렵까지만 해도 중국의 북쪽에서는 차 마시는 것을 그다지 좋게 생각하지 않았으며, 수(隋)나라 때는 문제(文帝)가 그를 괴롭힌 두통을 차를 마셔 해결했다는 기록이 있다. 그러나 수나라가 차 문화의 보급에 공헌하게 된 것은 운하를 대대적으로 건설하여 남쪽 지방의 차를 북쪽으로 손쉽게 운반할 수 있도록 만든 데 있다고 하겠다. 당(唐)나라 때는 차 마시는 습관이 장안(長安)의 시중까지 퍼지게 되었으며, 이는 차를 즐겨 마시는 것이 하나의 풍속이 되었다. 차에 대한 세금 부과도 이때 발생하였다. 송나라(宋) 때에는 차에 대한 세금을 다과(茶課)라 하였다. 이때는 이미 차가 일반인들에게도 널리 보급되어 생활 필수품처럼 되어 있었기 때문에 송나라 재정수입의 1/4이 차의 전매 수입에서 들어올 정도였다. 중국을 원(元)나라가 지배하면서 차 마시는 습관은 북방의 유목민족들에게도 전파되었다. 그들은 차에 버터나 밀크를 타서 마시곤 하였다. 명(明)나라의 주원장이 정권을 쥐면서 그는 지금까지의 차 제조법이 너무 어려운 것을 감안하여 이를 개량토록 하였고, 이때부터는 엽차(葉茶)가 보급되기 시작하였다. 또한 남쪽 복건의 단차보다도 절강(浙江)이나 안휘(安徽), 강소(江蘇)의 화중 지방이 차의 명산지로 부각되기 시작하였다. 지금도 인기가 높은 용정차(龍井茶), 무이차(武夷茶) 등이 그것이다. 그리고 이때부터 오늘과 같이 뜨거운 물에 불려 마시는 포다법(泡茶法) 방식이 대중화된 것인데 그중에서도 다관에 끓인 물을 절반 붓고 차를 넣은 다음 잠시 뚜껑을 닫았다가 다시 물을 붓고 또 잠시 기다렸다가 마시는 중투법(中投法)이 유행하였다. 또한 뚜껑 달린 찻잔에 뜨거운 물을 붓고 찻잎을 띄워서 찻물이 우러나면 뚜껑을 비스듬히 하여 틈새로 차만을 따라 마시는 충다법(沖茶法)도 이때부터 시작한 방법이다. 청(淸)나라가 들어서고부터는 모리화 따위의 꽃잎을 넣는 화차(花茶)가 유행하기 시작하였다. 이때는 지방도시에까지 다관(茶館)이나 다루(茶樓)가 들어섰다.

❼ 중국차의 분류 및 종류

차는 시기, 산지, 품질, 제조방법에 따라 분류하는데 중국에서는 1980년대부터 차의 기본 명칭을 정리하여 녹색 색소에 대한 감소율과 타닌(폴리페놀)의 함유량에 따라 녹차, 백차, 오룡차(烏龍茶), 홍차, 황차, 흑차의 6대 분류법에 의해 구분하고 이를 통틀어 크게 제다, 품질, 유통에 따라 분류할 수 있다.

또한 차는 만드는 산지와 만드는 방법에 따라 그 이름을 달리한다.

1) 불발효차(不醱酵茶)

녹차(綠茶)계열로 크게 찐 차와 덖음차로 나눈다.

- 찐 차[(증제차: 蒸製茶); 전차(우후차(雨後茶)] : 곡우(穀雨) 지난 뒤에 따서 만든 차
- 덖음차(볶은 차: 炒靑茶): 용정차(龍井茶), 벽라춘차(碧螺春茶), 주차(珠茶) 등이 있다. 녹차를 건조할 때 마지막으로 솥에서 덖어 건조시키면 초청녹차(炒靑綠茶), 햇볕에 쬐어 건조시키거나 홍건(烘乾)기계를 사용하거나 밀폐된 방에 불을 때어 건조시키면 홍청녹차(烘靑綠茶), 열 증기방식으로 제조되어 건조시킨 녹차는 증청녹차(蒸靑綠茶)라 하여 분류하기도 한다.

2) 반발효차(半醱酵茶)

백차(白茶)와 오룡차(烏龍茶)로 나눈다.

- 백차(白茶) : 백호은침(白毫銀針), 백모단(白牡丹) 등
- 오룡차(烏龍茶) : 원래 오룡차는 50~70%가량의 발효 정도가 높은 차를 일컫지만 지금은 발효 정도가 낮은 철관음차, 수선 등을 포함해서 모두 오룡차라 한다. 무이암차(武夷岩茶), 철관음차(鐵觀音茶), 수선(水仙), 문산포종차(文山包種茶＝淸茶), 동정오룡차(凍頂烏龍茶), 백호오룡(白毫烏龍) 등이 있으며, 포종차(녹차, 홍차 등도 사용)에 모리화(재스민) 등의 꽃향을 흡착시켜 만든 것을 화차(花茶)라 한다.

3) 발효차(醱酵茶)

홍차(紅茶) 계열을 말하는데 기홍 공부차, 다즐링 홍차, 우바 홍차, 아샘 홍차 등이 있다.

4) 후발효차(後醱酵茶)

녹차의 제조방법과 같이 효소를 파괴시킨 뒤 찻잎을 퇴적시켜 공기 중에 있는 미생물의 번식을 유도해 다시 발효가 일어나게 만든 차를 말한다. 이는 다시 황차(黃茶)와 흑

차(黑茶)로 나눈다.

- 황차(黃茶): 군산은침(君山銀針), 몽정황아(蒙頂黃芽) 등
- 흑차(黑茶) : 보이차(普洱茶), 육보차(六堡茶) 등

위의 여러 차들 가운데 오늘날 6대 차라 불리는 차를 중심으로 중요한 차에 대해 간략하게 살펴보자.

⑧ 중국의 6대 명차(名茶)

1) 녹차(綠茶, Green Tea)

찻잎을 따서 바로 증기로 찌거나 솥에서 덖어 발효되지 않도록 만든 불발효차이다. 중국과 일본 등이 주요 녹차 생산국으로 생산하고 있다.

① 용정차(龍井茶)

용정차는 중국녹차의 일종으로, 용정(龍井, 심한 가뭄에도 물이 마르지 않아 그 속에 용이 산다고 생각해서 붙여진 이름)이란 샘 옆, 용정사란 절에서 재배한 차를 일러 용정차라 한 데서 유래된 명차이다. 용정차의 등급은 차를 따는 시기 외에 산지에 의해서도 구분되는데 사봉용정, 매오용정, 서호용정으로 구분된다.

② 동정벽라춘(洞庭碧螺春)

중국의 녹차로서 강소성 소주 오흥현 태호 동정산(洞庭山)에서 난다. 벽라춘은 향기가 높고 맛이 부드러우며 잎이 가늘고 어리며 우려낸 빛깔이 벽록색이다. 만들어진 찻잎은 나선형이고 잎에는 녹용에 있는 털과 같은 것이 있다. 차색은 벽록색이고 찻잎은 소라 고동처럼 나선형을 하고 있고 동정산 벽록봉 아래에서 난다고 하여 벽라춘이라 한다.

③ 황산모봉차(黃山毛峰茶)

모봉차가 생산되는 황산(黃山)은 중국 안휘성의 유명한 명승지로서 중국의 5대 명산 중 하나이다. 중국의 차 소개서에는 백차로 분류하지 않고 녹차로 분류하고 있다. 찻잎은 황록색이고 우려낸 탕색은 맑고 투명하다. 또한 우려낸 잎도 선명한 황록색을 띠고 있다. 찻잎을 넣고 물을 부으면 찻잎이 둥둥 뜨다가 계속해서 물을 부으면 천천히 가라앉는다.

2) 백차(白茶, White Tea)

백차는 솜털이 덮인 차의 어린싹을 덖거나 비비기를 하지 않고 그대로 건조시켜 만든 차로서 찻잎에서 은색의 광택이 난다. 백차는 향기가 맑고 맛이 산뜻하며 여름철에 열을 내려주는 작용이 강하여 한약재로도 많이 사용한다. 중국 복건성(福建省) 정화, 복정 등이 주산지이다. 특별한 가공과정을 거치지 않고 그대로 건조시키면서 약간의 발효만 일어나도록 하기 때문에 가장 간단하지만 간단한 만큼 오히려 숙련된 기술이 필요하므로 제조방법이 어려운 편이고 아주 귀한 차이다.

① 백호은침(白毫銀針)

백차 중에서도 최고급품으로 봄에 나온 어린싹만을 따서 만들기 때문에 찻잎 표면에 흰색의 솜털이 붙어 있어 은백색을 나타낸다. 찻잔에 뜨거운 물을 부으면 찻잎이 하나씩 세워져 마치 꽃잎이 춤을 추듯이 아래위로 오르내리는 모양이 매우 우아하다. 또한 향기가 좋고 단맛이 남으며 떫은맛이 적고, 녹차보다 오래 보관해도 향미의 변화가 적다.

② 백모단(白牡丹)

백호은침을 만드는 어린싹보다는 조금 더 자라서 잎이 약간 펴진 상태에서 따서 만든 차로 가격 역시 약간 싼 편이다. 녹색의 찻잎에 흰색 털이 끼어 있는 모양이 목단의 꽃과 같다고 하여 백모단이라는 이름이 붙여졌으며, 향기가 상쾌하고 맛 또한 산뜻하다.

3) 오룡차(烏龍茶, 靑茶, Oolong Tea)

오룡차(烏龍茶)는 중국 발음으로 통상 우룽차로 불린다. 그러나 우리의 한자발음으로 그냥 오룡차라 하는 것이 아무래도 친근감이 든다. 이 오룡차는 중국의 남부 복건성(福建省)과 광동성(廣東省), 그리고 대만에서 생산되는 중국 고유의 차이다. 발효 정도가 녹차와 홍차의 중간인 20~70% 사이의 차를 말하며 반발효차로 분류된다.

① 무이산 대홍포차(武夷山大紅袍茶)

무이대홍포(상품명)는 오룡차의 하나로 이른 봄 찻잎이 필 때 멀리서 바라보면 차나무의 빛이 활활 타오르는 불처럼 아름다우며 붉은 천을 드리운 것처럼 보인다 하여 붙여진 이름이다. 대홍포는 무이암차 중의 왕이며 산지는 복건성 무이산시 무이산으로서 재배한 찻잎은 하나하나 손으로 작업하며 그 양이 매우 적어 가격은 비싼 편이며, 맛은 순하고 향이 진해 그윽하다.

② 철관음차(鐵觀音茶)

안계 철관음은 오룡차 중 하나로 복건성 안계현에서 생산되며 이곳은 산이 많고 사시사철 따뜻하고 강수량이 많다. 철관음은 향이 좋으며 맛이 단데 차를 마신 후에는 입안에서 과일향이 난다. 철관음은 다 자란 잎으로 만드는데 차의 가운데는 푸른빛이 나고 가장자리는 붉은빛이 돌며 탕색은 선명한 등황색이다. 그리고 여러 번 우려내도 맛과 향이 변함이 없다.

③ 수선(水仙)

중국 복건성의 수선(水仙)이라는 차나무 품종으로 만든 차로 찻잎이 길고 큰 편이다. 가열처리를 많이 하기 때문에 약간 탄 냄새가 나며 발효도도 높은 편이라 물이 갈색을 띤 황색을 나타낸다.

④ 봉황단종(鳳凰單樅, 봉황단종)

봉황단종은 광동성 조주지역에서 나는 오룡차의 일종으로 그 생산과 소비의 역사는 약 900년이 되었다. 단종차는 봉황수선(鳳凰水仙)의 품종 중에서 우량 차나무를 선발하여 한 그루씩 단주(單株)의 형태로 심어 재배하고, 여기에서 딴 찻잎으로 차를 만든다. 이렇게 만들어진 차에서는 남달리 좋은 향기가 있고, 맛 또한 큰 차이가 있다.

4) 홍차(紅茶, Black Tea)

홍차는 발효 정도가 85% 이상으로 떫은맛이 강하고 붉은색을 나타내는 차이다. 전 세계 차 소비량의 75%를 차지하며 홍차의 기원 역시 중국이다. 인도, 스리랑카, 중국, 케냐, 인도네시아가 주요 생산국이며, 영국과 영국의 식민지였던 영연방국가에서 많이 소비된다. 홍차도 처음에는 녹차나 오룡차와 같이 잎차 형태로 생산되었으나, 티백의 수요가 늘어남에 따라 티백용 홍차가 주를 이루게 되었다.

5) 황차(黃茶, Yellow Tea)

황차는 중국의 6대 차 중 하나이며 역사가 길다. 녹차를 제조하는 과정에서 잘못 처리되어 황색으로 변화되면서 우연히 발견된 황차는 송대(宋代)에는 하등제품으로 취급되었으나 연황색의 물 색과 순한 맛 때문에 고유의 제품군을 형성하게 되었다. 대표적인 차로는 군산은침(君山銀針)이 있는데 군산(君山)은 중국 호남성(湖南省) 악양현의 동정호(洞庭湖) 가운데 있는 섬으로 이 근처에서 생산되는 차가 군산은침이다.

6) 흑차(黑茶, Dark green Tea)

중국의 운남성(雲南省), 사천성(四川省), 광서성(廣西省)에서 생산되는 후발효차로서 찻잎이 흑갈색을 나타내고 물 색은 갈황색이나 갈홍색을 띤다. 보이차(普洱茶)는 중국의 운남성에서 생산되는 후발효차로 운남의 대엽종 찻잎으로 만드는데 보이현에서 모아서 출하하기 때문에 '보이차'라고 한다. 알칼리도가 높고 속을 편하게 해주며 숙취 제거와 소화를 돕는다. 체내의 기름기 제거 효과도 강하여 기름기가 많은 음식에 잘 어울리며 곰팡이균을 번식시켜서 만들기 때문에 특유의 냄새가 있다. 홍콩이나 싱가포르, 광동지방에서 주로 소비되며 오래 숙성시킬수록 가격이 비싸진다.

7) 기타-화차(花茶)

화차는 향편(香片)으로도 불리며, 포종차(포종차만을 사용하는 것은 아니다)에 모리화를 섞어서 만들면 모리화차가 되고 옥란화를 섞어서 만들면 옥란화차가 된다. 이 밖에 화차를 만들 때 자주 이용하는 꽃으로는 주란화, 계화, 대란, 장미 등이 있다. 다만 화차에서 화는 '객'이고 차가 '주'로서, 70% 차에 30% 화의 원칙하에 만들어진다. 모리화차(茉莉花茶, 재스민차), 국화차(菊花茶), 팔보차(八寶茶), 장미꽃차(玫瑰茶) 등이 있다.

제 6 장

중국요리 도구

중국에서 조리에 이용하는 칼은 투박한 생김새와 달리 용도는 상당히 다양함을 볼 수 있다. 중국음식에 사용되는 칼은 넓고 묵직해 보이지만 손에 익으면 속도도 빨라지고 채소의 손상도 적으면서 편리하다.

菜刀(cai dao)

채소를 정선하거나 자르거나, 베거나 재질이 연하고 부드러운 식재료에 이용되는 칼이다.

刀(zhan dao)

육류나 뼈가 있는 식재료를 자르는 데 사용되는 칼이다.

磨刀石(mo dao shi)

칼이 날카롭고 잘 절단할 수 있도록 연마할 때 사용되는 도구이다.

削皮刀(xiao pi dao)

채소의 껍질을 벗길 때 사용되는 도구이다.

量勺(liang shao)

계량스푼으로 소스의 양이나 소금, 설탕 등을 정확하게 계량하여 사용할 때 편리하게 사용되는 도구이다.

面机(mian ji)

제면기는 밀가루를 반죽하여 평편하게 롤러로 밀어 국수 가 닥을 뽑아낼 때 사용되는 기계로 사용 시 손을 다치지 않도록 주의해야 한다.

面杖(mian zhang)

딤섬이나 밀가루를 점성 있게 만든 다음 평편하게 혹은 둥 근 모양으로 밀 때 사용되는 나무 밀대이다.

耳锅(er guo)

손잡이가 두 개 달린 양수팬으로 중국의 남쪽 지방인 광동, 홍콩 등에서 많이 사용되는 팬이다. 중국의 팬은 움푹하게 파 여 있어 튀기거나 볶거나 삶기, 끓이기 등을 하나의 팬에서 모 두 할 수 있기 때문에 요리할 때 상당히 빠르고 합리적이다.

炒锅(chao guo)

손잡이 막대가 하나 달린 것으로 중국의 북쪽 지방에서 많이 사용되는 팬이다. 특히 우리나라의 중국음식이 전파된 곳이 산동성에서 이주한 화교들이 많은 관계로 우리나라 중국음식점에서 요리 시에 사용되는 중국 팬은 모두가 이 편수팬을 사용하여 음식을 조리한다.

炒勺(chao shao)

국자는 손잡이가 길어서 소스에 손 다치는 것을 방지할 수 있으며 합리적으로 요리할 수 있는 장점이 있다. 또한 요리의 식재료를 담아 팬에 넣기도 하고 완성된 요리를 그릇에 담기도 한다. 구멍 뚫린 작은 국자도 있으며 주둥이가 넓적한 우리나라 뒤집개 형태의 것도 있어 요리 용도에 따라 달리 사용할 수 있다.

罔筛(wang shai)

팬에서 삶은 재료나 데쳐낸 재료 혹은 튀겨낸 재료를 건져낼 때 사용하는 도구. 그물망의 형태로 구멍의 크기는 다양하다.

蒸屉(zheng ti)

딤섬이나 만두를 찔 때 사용되는 도구로 물을 끓여서 위에 올려 사용하고, 1인분 용량에서 대용량까지 종류가 다양하고 대나무 재질로 되어 있다.

刷子(shua zi)

대나무 솔은 팬에 음식을 조리한 다음 물을 넣고 씻어낼 때 사용되는 도구로 중화레인지 앞에는 물 나오는 설비가 있어 따로 세척할 공간이 필요하지 않고 바로 물로 세척할 수 있는 장점이 있으나 솔에 대나무가 빠질 수 있으므로 주의를 기울여야 한다.

油桶(you tong)

기름을 담아 놓을 수 있는 기구로 위에 그물망을 걸쳐 올려 놓고 기름에 튀긴 재료를 담아 기름을 제거할 수도 있다.

중화요리에 사용되는 중화레인지

중국음식에서 무엇보다 중요한 것은 불의 세기와 조절이라고 할 수 있다. 불의 기운을 얼마나 잘 조절하고 장악하느냐에 음식의 맛이 좌우된다고 할 수 있다. 화덕이라 부르는 중화레인지는 일반적으로 조작법이나 크기와 형태가 조금씩 다르지만 강한 불을 사용한다는 점은 같다고 할 수 있다. 이곳에서는 딤섬을 제외한 소스 만들기, 끓이기, 튀기기, 삶기, 데치기 등 대부분의 요리가 탄생한다. 이 화덕에는 물이 앞에서 뒤쪽으로 화덕을 감싸고 항상 흐르도록 설계되어 있어 요리 시에 항상 청결을 유지하고 강한 온도에서 조리할 수 있도록 한다. 화덕 앞에는 육수통과 물통을 놓아 요리 시 사용을 편리하게 하고, 옆에는 기름통과 그물망을 두고 튀김하여 바로 건질 수 있도록 준비되며 양념통을 준비하여 바로 양념을 첨가하여 빠르게 요리할 수 있도록 한다.

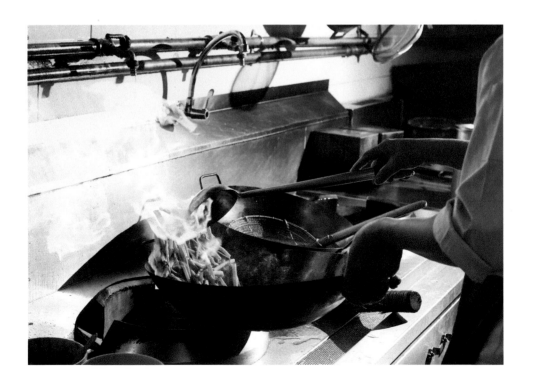

제 **7** 장

중국요리의 식재료와 소스

① 중국요리의 식재료

중국요리에는 많은 식재료가 활용되고 사용된다. 모든 것을 식재료로 활용한다는 말이 있을 정도로 중국인들의 요리 재료 선별은 다양하다고 할 수 있다. 여기서는 중국음식에 사용되는 다양한 식재료와 소스를 알아본다.

1) 채소류

🍀 양송이버섯(洋蘑菇 : Yang mo gu)

양송이버섯은 갓이 너무 피지 않고 갓 주변과 자루를 결합시키는 피막이 터지지 않은 것이 좋다. 보관 시 신문지에 싸서 습기를 제거하고 냉장고에 넣어 보관한다. 신선한 것과 캔으로 된 것이 있으나 신선한 것은 장기간 보관이 어렵기에 캔으로 된 양송이버섯을 많이 사용한다. 꼭지를 제거하고 썰어서 요리의 종류에 알맞게 사용한다.

🍀 표고버섯(香菇 : Xiang gu)

표고버섯은 중국요리에서 많이 사용하고 있으며 말린 것은 물에 불려 사용하기도 하고 신선한 표고버섯도 사용한다. 신선한 표고버섯은 향은 좋으나 요리 시 정선할 때 힘이 들고 모양이 좋지 않아 불린 것이나 캔으로 사용하는 경우가 많다. 사용 시에는 꼭지를 제거하고 물에 한 번 데쳐서 칼로 저며 사용하거나 채썰어 사용하기도 한다.

🍀 죽순(竹筍 : Zhu sun)

죽순은 대나무의 땅속 줄기에서 이른 봄부터 돋아나는 어리고 연한 싹이다. 마디 사이가 매우 짧기 때문에 각 마디에 1개씩 좌우 교대로 붙어 있는 대나무 껍질이 두 줄로 단단하게 감싸고 있다. 내벽에 종이 모양으로 부착돼 있는 것을 죽지(竹紙)라 한다. 죽순은 주로 식용과 약용으로 나뉜다.

죽순 전체를 약재로 이용할 수 있으며, 봄에 채취하여 사용한다. 건위와 불면증을 치료할 수 있는데 죽순을 삶아서 나물을 하거나 탕 등에 넣어서 먹거나 삶아서 말린 후 나물을 해서 먹으면 된다.

죽순을 조리할 때는 쌀겨나 쌀뜨물에 담가 좋지 않은 성분인 수산이 녹아 나오게 한다. 이렇게 하면 죽순에 들어 있는 여러 성분이 산화되는 것을 방지하게 되며 쌀겨 안에 있는 효소의 작용으로 죽순이 부드럽게 되어 훨씬 맛이 좋아진다.

죽순은 생장 중에 있는 어린 식물이므로 시간이 흐를수록 많은 양의 아미노산과 당질을 소모하고 맛도 떨어지게 된다. 따라서 수확 후에 되도록 빨리 조리하거나 가공하는 것이 좋다.

🍀 후두고버섯(猴頭菇)

원숭이머리를 닮았다고 하여 원숭이머리버섯이라고도 하고, 우리나라에서는 노루 엉덩이의 꼬리 형태를 닮았다고 하여 노루 궁뎅이버섯이라고도 불린다.

노루궁뎅이버섯은 오래전부터 식용과 약용으로 중국에서는 오랜 역사를 가지고 있으며 청나라 황제는 노루궁뎅이버섯을 매일 먹었다고 한다. 이 버섯은 항암작용이 뛰어나다고 하며, 치매예방과 당뇨병 개선작용도 있다고 한다. 볶음이나 육류 요리에 곁들이는 용도로 사용된다.

🍀 셀러리(西芹 : xi jin)

셀러리가 중국에서 사용된 지는 그다지 오래되지 않았으나 서양요리와 융합되는 과정에서 중국의 식재료와 같이 사용되고 있다. 중국 신강요리에 많이 사용된다.

오이(黃瓜 : huang gua)

오이는 황과라고 하며 냉채요리나 반찬용으로 사용된다. 표면에 가시를 제거하고 세척하여 채로 썰기도 하고 막대형태로 잘라 볶아서 먹기도 하며 국을 끓여 먹기도 한다.

브로콜리(西蘭花 : xi lan hua)

브로콜리는 중국의 홍콩이나 광동요리에 많이 사용되고 요리에 곁들여 사용된다. 한 개씩 한입 크기로 잘라 사용한다.

가지(茄子 : qie zi)

가지의 열매는 원통형으로 긴 장가지형, 긴 달걀모양의 장란형, 동그란 모양의 구형 등이 있으며, 크기도 다양하고 색상도 흑자색, 백색, 황색, 연보라색, 주황색, 녹색, 줄무늬 녹색 등 여러 가지가 있다. 조리 시 한 번 데치거나 기름에 튀겨서 양념하여 사용한다.

호박(南瓜 : nan gua)

호박은 남과라고 하며 1년생으로 온대 또는 열대의 고온다습지대에서도 재배된다. 식감도 좋고 값도 저렴하여 중국요리에 많이 사용된다.

양파(洋蔥 : yang cong)

양파는 중국요리에서 빠져서는 안 되는 대표적인 식재료이다. 우리나라에서는 짜장을 볶을 때 단맛이 나게 하는 대표적인 재료로 많이 사용된다.

당근(葫萝卜 : hu luo bo)

당근은 식감이 아삭하고 영양성분이 많아 신선하게 먹기도 하고 볶아서 먹기도 하며 요리를 돋보이게 조각할 때 많이 사용된다.

피망(靑椒 : qing jiao)

피망은 아삭한 질감과 색감을 표현할 때 많이 사용하며 비타민의 함량이 높다. 고추는 2천 년 전부터 식용으로 사용되어 왔으며 비타민 C의 함량이 높다. 중국에서는 사천요리에 말린 고추를 많이 이용하는데 매운맛이 강해서 요리에 한정되어 사용되지만 피망은 매운맛이 적어 어떤 요리에도 사용할 수 있다.

고구마(地瓜 : di gua)

중국인들도 고구마를 식재료에 즐겨 사용한다. 그냥 굽거나 쪄서 먹기도 하지만 기름에 튀겨 실을 뽑아내는 발사라고 하는 조리법을 이용하여 우리나라의 맛탕과 같은 형태의 디저트에도 사용한다.

마늘(蒜 : suan)

마늘은 아시아가 원산지이며 몸을 따뜻하게 하고 콜레스테롤 수치를 낮춰주는 효과가 있으며 동맥경화에도 좋다. 마늘은 비타민이 풍부하고 칼슘이나 철분의 함량도 높다. 우리나라 요리에 없어서는 안 되는 재료이다.

🍀 생강(薑 : jiang)

고대부터 향신료로 사용되었으며 쓴맛과 매운맛을 지녔고 약재 및 고기의 누린내와 잡냄새 제거에 사용된다. 우리나라에서는 생강향을 싫어하는 사람들이 있어 사용에 주의가 필요하나, 중국에서는 우리나라에서 마늘을 많이 사용하듯 생강을 많이 사용한다.

🍀 파(葱 : cong)

서양에서는 파의 사용이 많지 않으나 동양권에서는 많이 사용된다. 향이 좋아 파란색과 흰색 모두 사용하고 중국요리에서도 많이 사용되며 파를 기름에 튀겨 그 기름으로 요리를 볶는 데 사용하여 향을 더할 수 있다.

🍀 부추(韭菜 : iu cai)

선명한 초록색을 띠며 독특한 냄새가 있고 매운맛이 약간 난다. 중국에서는 햇볕을 차단하여 부추를 노랗게 만들어 먹는데 맛은 상당히 산뜻하고, 식감이 부드럽다. 딤섬에도 많이 이용되고 볶아서 먹기도 한다. 우리나라에서는 부추에 소금을 넣어 볶아서 요리로 사용한다.

🍀 작채(榨菜 : zha cai)

작채는 절임 짠지로 중국에서는 이것의 짠맛을 제거하고 고기와 같이 볶아내거나 죽이나 만터우와 같이 먹는다. 우리나라의 김치와 같은 역할을 한다.

2) 곡류와 가루 형태

🎴 전분(淀粉 : dian fen)

전분은 중국음식에서 소스가 있는 뜨거운 요리를 만들 때 반드시 첨가된다. 감자전분과 옥수수전분을 사용하며 튀김을 할 때도 많이 사용된다. 전분은 물과 동량으로 침전시켜 놓았다가 요리의 농도를 맞출 때 사용하며 기름이 많은 중국요리에서 요리와 기름이 분리되는 것을 방지하기도 하고 요리가 식는 것을 어느 정도 해결해 주기도 한다.

🎴 시미로(西米露 : xi mi ru)

사고야자나무의 전분으로 건조시켜 알갱이 형태로 만든 것으로 사용 시 뜨거운 물에 데쳐 찬물에 식히면 맑고 투명한 상태로 후식의 고명으로 사용하면 좋다.

🎴 누룽지(鍋粑 : guo ba)

찹쌀로 만들어 사용되며 기름의 온도를 160~170℃로 하여 바삭하게 튀겨서 기름을 제거하고 요리에 함께 사용한다.

🎴 소다(苏打 : su da)

중국의 토양은 산성에 가깝기 때문에 이곳에서 나오는 물 역시 면 반죽에는 적합하지 않다. 따라서 소다를 첨가하여 알칼리로 중화시켜 사용하였다. 또한 소다를 연육제로 사용하여 고기를 부드럽게 하는 데 이용하였다.

🎴 화권(花卷 : hua juan)

화권은 밀가루를 반죽하여 만든 빵으로 모양이 특이하며 단독으로 먹기보다는 요리와 같이 뜨거울 때 곁들여 먹는다. 우리나라에서는 고추잡채에 곁들여 먹는다.

🍀 오향(五香 : wu xiang)

오향은 하나의 줄기에 다섯 개의 가지가 있으며, 하나의 가지에 다섯 개의 잎이 있고, 잎 사이마다 다섯 개의 마디가 있어 오향(五香)이라고 한다. 일반적으로 오향은 산초, 팔각, 회향, 정향, 계피의 다섯 가지 향이 있는 것을 말하기도 하며, 중국음식에서 공통적으로 나는 냄새는 이것을 사용하기 때문이다. 고기의 누린내를 제거할 때와 차가운 냉채요리에 많이 사용되므로 중국음식에서 빠지면 안 되는 재료 가운데 하나이다.

3) 해산물

🍀 관자(帶子 : dai zi)

조개 안쪽에 붙어 있는 단단하고 질긴 근육으로 키조개의 관자는 일반 관자보다 크다. 이물질 및 표면의 얇은 막과 모래를 제거하여 요리에 많이 이용된다.

🍀 새우(蝦 : xia)

새우는 종류가 상당히 많고 한대지방과 열대지방에 걸쳐 다양하게 분포하고 있으며 일반적으로 대·중·소로 분류하기도 한다. 껍질을 벗겨 사용하기도 하고 껍질 그대로 사용하기도 한다. 중국요리에도 새우를 상당히 많이 사용하며

중국인들은 다양한 방법을 응용하여 요리를 만들어낸다. 우리나라에서는 깐쇼새우(乾燒蝦仁 : 고추기름, 두반장 등을 이용한 매콤한 요리)가 대표적으로 사랑받는 요리이기도 하다.

🍀 해삼(海蔘 : hai shen)

땅에는 산삼, 바다에는 해삼이라는 말이 있듯이 매우 귀
중한 식재료이다. 해삼은 영양이 풍부하여 스태미나에 좋으
며 철분과 칼슘을 많이 함유하고 있다. 진나라 황제인 진시
황은 불로장생에 해삼을 꼽을 정도로 영양가치를 높게 평가
하였다. 중국의 수(水)팔진에서도 해삼은 빠지지 않는 품목으로 유명한 요리들도 많이
탄생시켰다. 중국에서는 살아 있는 해삼보다 건화된 해삼을 선호하여 불리는 과정을 거
쳐 수많은 이름 있는 요리로 만들었다. 국내에서는 완도산 해삼을 으뜸으로 여기며 모
든 해산물 요리에는 해삼이 반드시 들어가야 한다고 한다.

🍀 오징어(魷魚 : you yu)

오징어는 연체동물로 머리, 몸통, 다리로 분류된다. 열
개의 다리가 있으며, 몸은 원통형이고 그 끝에는 세모 형태
의 지느러미가 있다. 천적을 만나면 먹물을 뿌리고 도망을
가기도 하고 환경에 따라 색을 바꿀 수도 있다. 국내에서는
오징어를 말려 식용하기도 하고 데쳐서 먹고, 생으로도 먹
으며 채소와 같이 볶아서도 먹는다. 요즘은 국내 생산량이 적어 외국에서 냉동으로 수
입되기도 한다. 오징어는 예전부터 동해안에서 잡히는 것이 좋다고 한다.

🍀 제비집(燕窩 : yan wo)

바다제비집의 집을 채취하여 식용한 것으로, 중국에서는
역대 황제들이 탕이나 수프로 애용하였다. 역대 중국의 진
귀한 식재료에 포함되며 채취과정이 매우 어렵고 험하여 제
비집은 매우 고가의 식재료에 속한다. 금사연을 최고의 제
비집으로 여기고 있으며 제비집은 등급에 따라 관연(官燕), 모연(毛燕), 혈연(血燕) 등으

로 나뉜다. 제비집은 색이 희고 이물질이 없고 모양이 부스러지지 않은 것이 좋다. 말린 것이 음식 재료로 사용되며 불리는 과정을 거치는데 이때 정성스런 손질이 필요하다. 현재는 탕이나 수프 혹은 후식으로도 사용된다.

🍀 상어지느러미(魚翅 : yu chi)

상어지느러미는 크게 등지느러미와 가슴지느러미, 배지느러미, 꼬리지느러미 등이 있다. 상어지느러미 요리는 중국 각 요리 계파에서 모두 볼 수 있는데 제비집과 함께 팔진에 속하며, 주로 연회석의 두채(頭菜)로 많이 활용된다. 특히 광동 지방에서 상어지느러미가 없으면 연회라 할 수 없다고 한다. 상어지느러미의 종류는 매우 다양하고, 각 지방마다 명칭도 다르다. 일반적으로 지느러미는 그 부위 및 가공, 가공품의 외형에 따라 나누기도 하고, 상어의 종류에 따라 나누기도 한다. 이 밖에 지느러미의 외관에 드러난 색깔에 따라 분류하기도 한다. 일반적으로 상어지느러미는 등지느러미 부분이 가장 좋다.

상어지느러미 건제품 100g에는 단백질이 83.5g 함유되어 있으나, 트립토판이 부족하여 불완전단백질에 속한다. 그러므로 트립토판이 많이 함유된 식자재와 함께 섭취하는 것이 좋다. 돼지고기, 소고기, 닭, 오리, 새우, 게, 패주 등을 넣어 영양을 서로 보충하거나 요리 시에는 청경채나 유채와 같은 채소를 곁들인다. 그 밖에 칼슘, 인, 철 등이 함유되어 있으며, 중의에서 보면 지느러미는 맛이 달고 평한 성질을 갖고 있으며, 기를 돕고 식욕을 촉진시켜 주는 기능이 있다고 한다. 물에 불리는 방법을 수발법(水發法)이라 하는데 먼저 상어지느러미는 딱딱한 것과 부드러운 것, 두꺼운 것과 얇은 것, 짠 것과 싱거운 것, 등지느러미, 가슴지느러미, 꼬리지느러미가 있으니 분별하여 불려서 제일 좋은 것을 선택한다.

먼저 상어지느러미의 얇은 부분을 제거하고, 차가운 물에 10~12시간 담갔다가 다시 끓는 물에 넣어 1시간 정도 끓이고, 물이 식으면 모래나 이물질을 제거하고 지느러미의 뿌리 부분을 제거한다. 그런 후 솥에 닭육수, 파, 생강, 소흥주를 넣고 끓인 후 상어지느러미에 부어 찜통에 1시간 정도 찐 후 지느러미 뼈와 상한 부분을 제거하고, 다시 맑은 물에 조미품을 넣고 1시간을 찐다. 이와 같이 몇 번을 반복한다. 이렇게 하면 잘 불려지고 투명하게 되며, 이상한 맛이 없을 때 다시 깨끗한 물에 넣고 씻어서 바로 사용할 수 있다. 이것을 당장 사용하지 않을 때는 냉장이나 냉동하여 필요할 때 상어지느러미를 그릇에 담고 여기에 닭, 햄, 생강, 파를 넣고 쪄서 부드럽게 한 후 요리에 사용한다.

❷ 중국요리의 식재료 정선법

괴(kuai : 块)

덩어리 형태로 2~3cm 크기의 토막으로 자르는 방법이다. 육류나 덩어리로 잘라서 조리해야 하는 식재료를 정선할 때 사용된다. 끓이거나 오랫동안 끓이는 용도의 조리법에 적당하다.

조(條 : tiao)

조는 막대형태로 자르는 것을 말하며 0.5~1cm의 두께에 길이는 4~5cm 정도이다. 볶는 요리나 튀김 요리에 많이 사용된다.

정(丁 : ding)

주사위 모양으로 써는 것을 말하고 가로세로 1.5cm의 크기로 자르는 것을 말한다. 채소나 육류 어떤 식재료도 가능하고, 다양한 요리에 많이 이용되는 써는 방법이다.

편(片 : pian)

편은 재료를 직각으로 썰거나 눕혀서 저미는 형태로 식재료를 정선하는 방법이다. 두께는 사용되는 요리에 따라 다를 수 있으나 일반적으로 0.1~2cm까지 다양하며 어류나 육류, 버섯, 당근, 죽순 등이 해당된다. 튀김요리나 볶는 요리, 생으로 먹는 요리에도 적합하다.

사(丝 : si)

사는 0.1~0.2cm의 편으로 잘라 가늘게 채써는 방법으로 얇은 편을 여러 장 겹쳐놓고 일정하게 가늘게 써는 방법이다.

🍀 입(粒 : li), 모(末 : mo)

입은 먼저 편으로 썬 다음 사(**丝**)로 썰어 다시 0.2cm의 쌀알 크기로 잘라내는 것을 말한다.

모는 입보다 작은 사이즈로 0.1cm 크기로 다지는 방법이다. 서양요리의 chop과 같다고 할 수 있다.

🍀 니(泥 : ni)

니는 재료에 힘줄과 껍질을 제거하고 칼로 아주 곱게 다지는 것이다. 닭고기나 생선, 새우 요리에서 점성과 입안에서 느끼는 감촉을 증가시키기 위해 돼지지방이나 딤섬에 사용되는 새우살을 곱게 다지는 것이다.

❸ 중국요리의 소스와 조미료

- tang [糖 : 설탕]
- bai tang [白糖 : 흰 설탕]
- hong tang [紅糖 : 붉은 설탕]
- bing tang [氷糖 : 얼음설탕]
- feng mi [蜂蜜 : 꿀]
- yan [鹽 : 소금]
- cu [醋 : 식초]
- jiang you [醬油 : 간장]
- dou jiang [豆醬 : 된장]
- jiu [酒 : 술]
- la jiao [辣椒 : 고추]
- hong la jiao [紅辣椒 : 붉은 고추]
- qing la jiao [靑辣椒 : 풋고추]
- la you [辣油 : 고추기름]
- xiang you [香油 : 참기름]
- zhu you [猪油 : 돼지기름]

- dou you [豆油 : 콩기름]
- hua sheng you [花生油 : 땅콩기름]
- cai you [菜油 : 채종유]
- huang you [黃油 : 버터]

- dou ban jiang [豆瓣醬 : 고추장]
- fu lu [腐乳 : 순두부]
- jiang dou fu [醬豆腐 : 두부장]
- hao you [油油 : 굴기름]

굴소스(蠔油 : hao you)

굴을 발효시켜 만든 중국의 대표적인 조미품이다. 중국의 광동성이나 복건성 일대에서 많이 생산되고 색은 진한 갈색을 띠며 짠맛·단맛도 있고, 신선한 향이 있어 육류나 채소를 볶을 때 간장 대용으로 사용하면 윤기와 색은 물론 감칠맛을 낼 수 있으며, 볶음 요리뿐 아니라 조림, 찜, 구이 등 다양한 요리에 사용할 수 있다. 육류를 재울 때 사용하면 잡내를 잡아주는 기능도 있다.

두반장(豆瓣醬 : dou ban jiang)

중국의 사천요리에서 가장 많이 사용되는 양념인 두반장은 붉은색으로 고추, 소금, 그리고 발효시킨 잠두로 만든 걸쭉하고 풍미가 강한 장으로 사천성 대부분에서 제조된다.

들어가는 재료의 가짓수는 많지 않지만, 두반장은 발효 및 숙성 과정 중에 매운 정도나 향미가 매우 다양하다. 시간이 지나면 고추의 매운맛이 누그러지므로, 오래 묵힌 장일수록 덜 매우며, 대신 더욱 복합적인 맛을 얻을 수 있다. 짠맛과 매운맛이 강하여 조미할 때는 신경을 많이 기울여야 하며 볶아서 사용하기도 한다. 일반적으로 볶는 요리에 많이 사용된다. 그러나 한국인들이 좋아하는 매운맛의 향과 사천 지방의 매운맛에는 차이가 있으므로 이 점을 반드시 유념해야 한다.

🍀 노두유(老抽 : lao chou)

음식의 색을 내기 위해 사용되는 짙은 색의 중국식 간장이다.
맛은 진하고 농도가 있으며 단맛이 있는 것이 특징이다.

🍀 해선장(海鮮醬 : hai xian jang)

해선장(海鮮醬)은 중국요리에 사용되는 조미료이며, 호이신
(Hoisin)이라고도 부른다. Hoisin이란 해선(海鮮)을 광동어로 발
음한 것이다. 해선장 하면 해산물이 연상되지만, 해선장을 만들
때 해산물은 사용하지 않는다. 전통적으로는 고구마를 이용하
여 해선장을 만들었으나, 오늘날 해선장은 물, 설탕, 대두, 식초,
쌀, 소금, 밀가루, 마늘, 고추, 그리고 약간의 식용색소를 이용

하여 만든다. 대두를 발효시켜 만든다는 점에서 춘장과 유사하지만, 마늘, 식초, 고추가
들어간다는 점이 다르며, 춘장보다는 톡 쏘는 맛이 적다. 주로 짠맛과 단맛이 나며 특유
의 고소하면서도 독특한 향을 내기 때문에, 구이용 소스, 찍어 먹는 소스를 비롯하여 재
우는 요리에 향을 더하거나 국물에 간을 맞출 때 사용하는 등 다양하게 이용된다. 중국
에서는 북경 오리를 찍어 먹을 때 많이 사용된다.

🍀 마늘콩소스(豆豉醬 : dou chi jiang)

발효시킨 콩과 마늘을 으깬 후 갖은양념을 섞어 만든 소스로
육류 및 생선 찜요리 또는 볶음 요리에 사용하면 비린내를 없앨
수 있을 뿐 아니라 발효콩의 진하고 고소한 맛을 느낄 수 있다.

🔡 고추마늘 소스(辣椒酱 : la jiao jiang)

고추와 마늘을 주원료로 하여 매콤한 맛과 향이 특징이며, 육류, 해물 등의 볶음 요리나 튀김 요리 등에 찍어 먹는 소스로 사용할 수 있다. 한식의 김치찌개나 김치전골 등 김치가 들어가는 요리에 잘 어울리며, 마늘이 들어 있어 조리 중 마늘을 따로 넣지 않아도 되고, 생선조림이나 구이에 사용하면 비린내를 줄여준다.

🔡 칠리소스(干烧汁 : gan shao zhi)

고추와 마늘이 배합되어 있어 느끼하지 않고 상큼한 맛을 내며, 볶음 요리나 새우 소스에 첨가하면 칼칼한 맛을 낼 수 있다.

🔡 X.O소스

프리미엄 소스로서 각종 조개, 새우, 관자, 햄 등의 재료를 혼합하여 만든 소스이다. 국수, 육류, 해산물 요리, 채소요리, 두부 요리, 밥 요리 등에 사용된다.

🔡 캐러멜

중국요리에서 색을 내거나 단맛을 증가시킬 목적으로 사용한다.

✿ 치킨 파우더(鷄粉)

중국요리에서 조리시간 절약과 식재료비 절감 등의 목적으로 사용하는데 육수 대용으로 많이 사용되고 감칠맛이 특징이지만 일반 육수와 같은 풍부한 맛은 부족하다.

중국요리의 조리법

제 8 장

중국요리는 그 종류가 헤아릴 수 없을 정도로 많다. 이렇게 많은 요리를 만들 수 있었던 이유는 많은 요리법의 끊임없는 연구와 노력이라 할 수 있다. 중국요리는 메뉴를 보면 조리법과 식재료 조리법이 포함되어 있는 것을 볼 수 있다. 물론 미화적인 이름이 있기는 하지만 보편적으로는 모두를 포함한다. 우리에게는 다소 생소한 조리법도 있으며 퓨전화된 조리법을 하나의 조리법으로 정의한 것을 보면 중국인들의 요리와 먹는 것에서는 많은 연구가 있었다고 할 수 있다.

중국요리는 한번에 익혀서 먹는 경우는 많지 않다. 뜨거운 탕에 데치거나 미리 익히거나 기름에 데치는 등 먼저 조리를 한 다음 마무리 조리를 하는 것이 일반적이다. 조리법은 기름을 이용하는 방법이 전체의 80%를 차지한다. 더불어 중국요리는 쪄서 튀겨내고 다시 볶는 식의 복합적인 조리법이 다른 나라와는 달리 매우 발전하였음을 알 수 있다.

❀ 초(炒 : chao)

초는 '볶는다'는 뜻으로 알맞은 크기와 모양으로 만든 재료에 기름을 조금 넣고 강한 불이나 중간불에서 짧은 시간에 뒤섞으며 볶아서 익히는 조리법이다. 이 조리법은 중국요리에서 가장 많이 사용하는 요리법 가운데 하나이다.

🎴 폭(爆 : bao)

폭은 1.5cm 정육면체로 썰거나 칼집 낸 재료를 뜨거운 물이나 탕, 기름 등으로 먼저 열처리한 후 강한 불에서 재빨리 볶아내는 조리법이다. 재료 자체의 맛이 그대로 살아 있어 부드럽고 아삭한 질감을 살리는 데 적당하다.

🎴 류(溜, 熘 : liu)

류는 조미료에 재워놓은 재료에 녹말이나 밀가루 튀김옷을 입혀 기름에 튀기거나 삶거나 찐 뒤, 다시 여러 가지 조미료로 걸쭉한 소스를 만들어 재료 위에 끼얹거나 조리한 재료를 소스에 버무려 묻혀내는 조리법이다.

🎴 작(炸 : zha)

작은 넉넉한 기름에 정선한 식재료를 넣어 튀기는 조리법이다. 작만으로 조리할 수 있고, 류(熘), 소(燒), 증(蒸) 등의 조리법과 함께 사용할 수도 있다. 재료에 따라 온도가 다른 기름으로 재료를 빨리 가열하여 표면의 수분을 증발시킨다. 표면을 딱딱하게 하여 속재료 고유의 맛을 살릴 수 있다.

🎴 전(煎 : jian)

전은 뜨겁게 가열한 팬에 기름을 조금 두르고 정선한 재료를 펼쳐놓아 중간불이나 약한 불에서 한 면 또는 양면을 지져서 익히는 조리법을 말한다.

🎴 팽(烹 : peng)

원료를 익힌 후, 양념된 즙을 뿌리고, 고온에서 즙이 대부분 기화하여 재료에 투입되어 빠른 속도로 마르는 것을 이용하는 요리방법이다.

소(燒 : shao)

완전하게 익지 않은 재료에 물 혹은 적당한 양의 탕을 넣고, 강한 불로 끓인 다음, 중간불이나 약한 불로 맛이 들게 하는 요리방법이다.

배(扒 : pa)

배의 기본은 소(燒)와 같지만 약한 불로 오래 끓여 조리시간이 더 길다. 완성된 요리는 부드럽고 녹말을 풀어 넣어 맛이 매끄럽다. 요리의 모양새를 흐트러뜨리지 않는 것이 관건이며, 즙이 비교적 많이 남는 편이다.

민(燜 : men)

일단 기름에 튀기거나 볶은 것을 조미료나 향신료와 함께 식재료가 잠길 정도로 물을 붓고 장시간 약한 불로 국물이 졸아들 때까지 조리는 방법이다.

외(煨 : wei)

냄비에 식재료와 조미료를 넣은 다음 물을 넣지 않고 약한 불로 천천히 조린다. 다 익은 것은 매우 연하고 맛이 진하며 윤기가 있다. 소(燒)와 비슷한데, 차이점은 '외(煨)'는 물을 넣지 않고 조리하는 반면 '燒'는 물을 넣고 조리하는 데 있다.

돈(炖 : dun)

원래는 냄비 속에 여러 가지 재료와 물을 넣고 약한 불로 오랜 시간 푹 무를 때까지 천천히 끓인 것이었는데, 그 뒤에 방법이 개선되어 항아리 같은 용기에 넣어 중탕함으로써 재료의 맛도 손상시키지 않고, 맛도 농후하며, 국물도 엷지 않게 그대로 완성하게 되었다.

❖ 자(煮 : zhu)

자는 삶는 것이다. 신선한 동물성 식재료를 잘라서 많은 양의 탕에 넣고 강한 불에서 끓이다가 약한 불로 바꾸어 익히는 조리법이다.

❖ 증(蒸 : zheng)

간단한 조리법으로 재료를 시루나 찜통에 찌는 방법으로 뚜껑을 꼭 덮기 때문에 재료가 지닌 맛이 손상되지 않고, 향기와 맛도 그대로 보존되며 수프도 흐려지지 않는다. 재료는 생선, 닭, 육류, 만두, 딤섬 등으로 용도가 다양하다.

❖ 고(烤 : kao)

불에 직접 굽는 방법이다. 강한 불의 힘으로 양념한 재료를 S자로 된 쇠꼬치에 매달아 불로 구웠었는데, 최근에 오븐을 쓰게 되면서 불꽃보다는 그 불의 열기를 잘 이용하여 조리하는 방법이다.

❖ 훈(熏 : xun)

식재료를 밀봉된 용기 안에 넣고, 불완전 연소로 생기는 연기를 이용하여 음식물을 훈제하여 익히는 요리방법이다.

❖ 락(烙 : luo)

취사도구의 마른 열을 이용하여 음식물을 익히는 요리방법이다.

❖ 홍(烘 : hong)

식재료를 불꽃이 없는 작은 불 위에 놓고 복사열을 이용하여 음식을 익히는 요리방법이다.

🍀 국(焗 : ju)

밀봉식으로 가열하여 재료의 수분을 기화하여 익히는 요리방법으로 일종의 찜요리 방법이다.

🍀 오(熬 : ao)

소형의 재료에 탕이나 물을 첨가하거나, 조미품을 첨가하여 강한 불로 끓인 후, 중간 불이나 약한 불로 장시간 자(煮)하여 말랑말랑하게 익히는 요리방법이다.

🍀 독(獨 : du)=도(渡)

약한 불로 자(煮)나 소(燒)하여 재료에 맛이 들게 하는 요리방법이다.

🍀 회(燴 : hui)

몇 종의 식재료를 혼합하여 하나로 합치고, 탕이나 물을 넣고, 강한 불 혹은 중간불로 소(燒)로 하여 익히는 요리방법이다.

🍀 오(焐 : wu)

미세한 불 혹은 타고 남은 재의 열로 온도를 유지하여, 밀봉한 원료를 부드럽고 말랑 말랑하게 만드는 요리방법이다.

🍀 로(鹵 : lu)

재료를 간수에 넣고 중간불이나 약한 불로 외(煨), 자(煮)로 익혀 부드럽게 하거나 맛 이 들게 하는 요리방법이다.

🍀 장(醬 : jiang)

조미즙과 배합한 재료를 중간불이나 약한 불로 소(燒), 자(煮)하여 말랑말랑하게 익히는 요리방법이다.

찬(攛 : cuan)

작은 식재료를 끓는 탕 중에 빠른 속도로 익히는 요리방법이다.

탕(燙 : tang)

끓는 물을 이용하여 음식물을 익히는 요리방법이다.

작(灼 : zhou)

재료를 90% 정도 익힌 후, 다시 빠른 속도로 구워 완성하는 요리방법이다.

침(浸 : jin)

식재료를 액체에 넣어 완성하는 방법으로 담그는 요리방법이다.

전(涮 : shuan)

먹는 사람이 좋아하는 식재료를 끓는 탕에 넣고 재료를 집어서 이리저리 흔들어 익혀 먹는 요리 방법이다(샤부샤부).

탄(汆 : tun)

비교적 저온의 기름 온도(약 150℃ 전후, 200℃를 넘기지 않는다)로 중간불이나 약한 불로 작(炸)하는 요리방법이다.

첩(貼 : tie)

식재료에 조미품을 넣고 버무려 스미게 하고, 소량의 기름 중에 먼저 한 면을 전(煎)하여 갈색이 되도록 하고, 다른 한 면은 전(煎)을 하지 않는 요리방법이다.

탑(塌 : ta)

식재료를 먼저 전(煎)하고, 다시 탕즙에 넣어 부드럽게 하는 요리방법으로 마른 식품에 탕(湯)과 물을 스미게 하여 수분을 흡수시킨 후, 부드럽게 만드는 것이다.

림(淋 : lin)

식재료를 팬에 넣지 않고 뜨거운 기름을 원료에 직접 붓거나 뿌려서 만드는 방법으로 가금류나 부드러운 채소, 어류, 작은 식재료에 적합하다.

반(拌 : ban)

조미료를 직접 재료에 넣고 버무려 만드는 요리방법으로 각종 식재료에 적용이 가능하고, 동물성 식재료는 일반적으로 먼저 익힌 후에 버무려 만드는 방법이다.

창(熗 : qiang)

식재료를 가늘게 혹은 막대기 모양이나 편으로 잘라서 물에 데치거나 기름에 튀겨 뜨거울 때 휘발성이 비교적 강한 식품(고춧가루, 고추기름, 후춧가루, 술, 겨자)을 넣어 자극이 스며들게 하는 요리방법이다.

조(糟 : zao)

술 또는 초(醋)의 지게미를 주요 조미품으로 하여 재료를 절이거나, 적시거나, 침전시켜 만드는 요리방법으로 동물성 재료를 많이 이용하고, 달걀, 두류 제품과 소수의 채소를 이용한다.

취(醉 : zui)

재료에 양념하여 술에 담그거나 적셔서 다시 양념한 뒤에 만드는 요리방법이다. 신선한 닭, 오리, 오리 간, 새우, 게 혹은 채소, 조개류의 재료를 이용하고, 술은 과일주와 백주를 많이 이용한다.

🎴 엄(腌 : yan)

소금을 조미료 위주로 하여 재료를 손으로 주무르거나 문질러 식재료를 절여서 맛이
들게 하는 요리방법이다.

🎴 지(漬 : zi)

액체상태의 조미료(간장, 식초, 꿀, 설탕물)를 짧은 시간 내에 재료에 넣어 만드는 요
리방법이다. 설탕으로 재료를 절일 때는 일반적으로 즙을 많이 사용한다. 채소, 과일은
모두 가능하고, 일반적으로 시간이 매우 짧은 것이 특징이다.

🎴 동(凍 : dong)

응고 원리를 이용하여 식품을 만드는 일종의 특수한 요리방법이다. 이것은 일반적으로
단 음식이나 간식에 이용하며 콜라겐 성분이 많은 동물성 식재료도 이용 가능하다.

🎴 밀즙(蜜汁 : mi zhi)

설탕 혹은 얼음설탕, 꿀 등을 물에 넣어 외(煨) 혹은 자(煮)로 하여 즙으로 요리를 완
성하는 방법이다.

🎴 발사(撥絲 : ba si)

설탕을 끓여 시럽을 당겨 가는 실처럼 나오게 하는데 일반적으로 작(炸)을 한 식재료
에 부어 완성하거나 버무려 접시에 담아내는 요리방법이다.

🎴 괘상(掛霜 : gua shuang)

기름에 작(炸)한 작은 재료에 한 층의 설탕을 입힌 뒤에 응결시켜 분상(粉霜)으로 완
성하는 요리방법이다.

제9장
중국 조리용어

- 가지 茄子(qie zi)
- 간장 酱油(jiang you)
- 겨자 芥末(jie mo)
- 달걀 鸡蛋(ji dan)
- 고구마 地瓜(di gua)
- 고추 辣椒(la jiao)
- 고추기름 辣油(la you)
- 누룽지 锅巴(guo ba)
- 닭 鸡(ji)
- 당근 红萝卜(hong luo bo)
- 돼지고기 猪肉(zhu rou)
- 두부 豆腐(dou fu)
- 땅콩 花生米(hua sheng mi)
- 레몬 獰檬(ning meng)
- 마늘 蒜(suan)
- 목이버섯 黑蘑耳(hei mo er)

- 무 萝卜(luo bo)
- 밀가루 面粉(mian fen)
- 바나나 香蕉(xiang jiao)
- 배추 白菜(bai cai)
- 부추 韭菜(jiu cai)
- 브로콜리 西蓝花(xi lan hua)
- 새우 虾(xia)
- 생강 姜(jiang)
- 설탕 糖(tang)
- 셀러리 西芹(xi jin)
- 소금 盐(yan)
- 소라 海螺(hai luo)
- 쇠고기 牛肉(yang rou)
- 술 酒(jiu)
- 시금치 菠菜(bo cai)
- 식용유 油(you)

- 식초 醋(cu)
- 아스파라거스 芦笋(lu sun)
- 양고기 羊肉(yang rou)
- 양송이 洋蘑菇(yang mo gu)
- 양파 洋葱(yang cong)
- 오리고기 鸭肉(ya rou)
- 오이 黄瓜(huang gua)
- 오징어 鱿鱼(you yu)
- 옥수수 玉米(yu mi)
- 완두콩 莞豆(wan dou)
- 전분 淀粉(dian fen)
- 조기 黄鱼(huang yu)

- 조미료 味精(wei jing)
- 죽순 竹笋(zhu sun)
- 참기름 香油(xiang you)
- 청경채 青根菜(qing gen cai)
- 케첩 番茄酱(fan qie jiang)
- 파 葱(cong)
- 표고 香菇(xiang gu)
- 피망 青椒(qing jiao)
- 해삼 海渗(hai shen)
- 해파리 海蜇(hai zhe)
- 호박 南瓜(nan gua)
- 후추 糊椒粉(hu jiao fen)

수험자 유의사항

❶ 만드는 순서에 유의하며, 위생과 숙련된 기능평가를 위하여 조리작업 시 맛을 보지 않습니다.

❷ 지정된 수험자 지참준비물 이외의 조리기구나 재료를 시험장 내에 지참할 수 없습니다.

❸ 지급재료는 시험 전 확인하여 이상이 있을 경우 시험위원으로부터 조치를 받고 시험 중에는 재료의 교환 및 추가지급은 하지 않습니다.

❹ 요구사항 및 지급재료의 규격은 "정도"의 의미를 포함하며, 지급된 재료의 크기에 따라 가감하여 채점됩니다.

❺ 위생복, 위생모, 앞치마, 마스크를 착용하여야 하며, 시험장비·조리도구 취급 등 안전에 유의합니다.

❻ 다음 사항은 실격에 해당하여 채점대상에서 제외됩니다.

가) 수험자 본인이 시험 도중 시험에 대한 포기 의사를 표현하는 경우

나) 위생복, 위생모, 앞치마, 마스크를 착용하지 않은 경우

다) 시험시간 내에 과제 두 가지를 제출하지 못한 경우

라) 문제의 요구사항대로 과제의 수량이 만들어지지 않은 경우

마) 완성품을 요구사항의 과제(요리)가 아닌 다른 요리(예, 달걀말이→달걀찜)로 만든 경우

바) 불을 사용하여 만든 조리작품이 작품특성에 벗어나는 정도로 타거나 익지 않은 경우

사) 해당과제의 지급재료 이외 재료를 사용하거나 요구사항의 조리기구(석쇠 등)로 완성품을 조리하지 않은 경우

아) 지정된 수험자 지참준비물 이외의 조리기술에 영향을 줄 수 있는 기구를 사용한 경우

자) 가스레인지 화구를 2개 이상(2개 포함) 사용한 경우

차) 시험 중 시설·장비(칼, 가스레인지 등) 사용 시 시험위원 및 타 수험자의 시험 진행에 위해를 일으킬 것으로 시험위원 전원이 합의하여 판단한 경우

카) 요구사항에 표시된 실격 및 부정행위에 해당하는 경우

❼ 항목별 배점은 위생상태 및 안전관리 5점, 조리기술 30점, 작품의 평가 15점입니다.

❽ 시험시작 전 가벼운 몸 풀기(스트레칭) 동작으로 긴장을 풀고 시험을 시작합니다.

PART
02

실기편

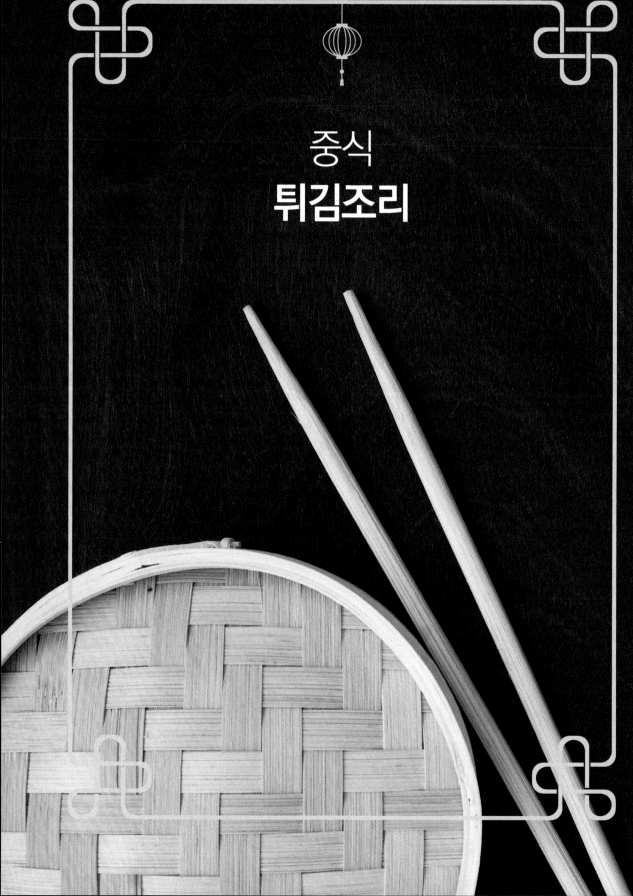

중식
튀김조리

학습내용	평가항목	성취수준		
		상	중	하
튀김 준비	튀김의 특성을 고려하여 적합한 재료를 선정할 수 있다.			
	각 재료를 튀김의 종류에 맞게 준비할 수 있다.			
	튀김의 재료에 따라 온도를 조정할 수 있다.			
튀김 조리	재료를 튀김 요리에 맞게 썰 수 있다.			
	용도에 따라 튀김옷 재료를 준비할 수 있다.			
	조리 재료에 따라 기름의 종류, 양, 온도를 조절할 수 있다.			
	재료 특성에 맞게 튀김을 할 수 있다.			
	사용한 기름의 재사용 또는 폐기를 위한 처리를 할 수 있다.			
튀김 완성	튀김 요리의 종류에 따라 그릇을 선택할 수 있다.			
	튀김 요리에 어울리는 기초 장식을 할 수 있다.			
	표준 조리법에 따라 색깔, 맛, 향, 온도를 고려하여 튀김 요리를 담을 수 있다.			

 학습자 결과물

탕수육

糖醋肉 | táng cù ròu

요구사항

※ **주어진 재료를 사용하여 다음과 같이 탕수육을 만드시오.**

❶ 돼지고기는 길이를 4cm, 두께 1cm의 긴 사각 형 크기로 써시오.

❷ 채소는 편으로 써시오.

❸ 앙금녹말을 만들어 사용하시오.

❹ 소스는 달콤하고 새콤한 맛이 나도록 만들어 돼 지고기에 버무려 내시오.

지급재료

돼지등심(살코기) 200g, 진간장 15㎖, 달걀 1개, 녹말가루(감자전분) 100g, 식용유 800㎖, 식초 50㎖, 백설탕 100g, 대파(흰 부분, 6cm) 1토막, 당근(길이로 썰어서) 30g, 완두(통조 림) 15g, 오이(가늘고 곧은 것, 20cm, 원형으로 지급) 1/4개, 건목이버섯 1개, 양파 (중, 150g) 1/4개, 청주 15㎖

만드는 법

1 돼지고기는 길이 4cm, 두께 1cm 길이로 썰어 간장, 청주로 밑간해 놓는다.

2 대파 3cm, 당근·오이는 4cm 편으로 썰고 목이버섯은 물에 불려서 먹기 좋은 크기로 뜯어 놓고 완두콩은 끓는 물에 살짝 데쳐 찬물에 씻어 놓는다.

3 앙금녹말(된녹말)을 만들고 달걀흰자를 넣어 튀김옷을 만들고 밑간한 돼지고기에 고루 버무린다.

4 녹말가루 1큰술, 물 2큰술을 섞어 물녹말을 만들어 놓는다.

5 160℃의 튀김기름에 튀김옷을 입힌 돼지고기를 두 번 바삭하게 잘 튀겨낸다.

6 팬에 기름 1큰술을 두르고 뜨거워질 때 대파를 넣어 볶다가 간장 1큰술, 청주 1큰술로 향을 내고 육수 200ml를 넣고 당근, 목이버섯과 설탕 3큰술, 식초 3큰술을 넣어 끓인 후 오이와 물녹말을 넣어 농도를 맞춘다.

7 바삭하게 튀긴 고기에 소스를 끼얹거나 버무려낸다.

핵심요약

❋ 고기는 완전히 익도록 두 번 정도 튀겨낸다.

❋ 배추 이외에 다른 채소가 지급될 수도 있으니 같은 크기로 정선한다.

❋ 튀김옷을 너무 두껍게 하지 않는다.

❋ 기름의 온도에 주의하여야 하며, 고기가 타면 안 된다.

❋ 물전분의 농도가 너무 되직하지 않도록 처음부터 물전분을 많이 넣지 않도록 한다.

Cooking Tip

숙련된 기능	주요 실수사례	양념비율 정리
• 탕수소스의 농도가 적당함 • 탕수소스의 단맛과 신맛의 배합비가 적당함	• 튀길 때 온도가 높아서 타는 경우	• 탕수소스 : 육수(물) 1컵, 간장 1큰술, 설탕 3큰술, 식초 3큰술 • 물녹말의 비율 : 녹말가루 1큰술 : 물 2큰술

깐풍기

乾烹鷄 | gān pēng Jī

요구사항

※ **주어진 재료를 사용하여 다음과 같이 깐풍기를 만드시오.**

❶ 닭은 뼈를 발라낸 후 사방 3cm 사각형으로 써 시오.

❷ 닭을 튀기기 전에 튀김옷을 입히시오.

❸ 채소는 0.5cm×0.5cm로 써시오.

지급재료

닭다리[한 마리 1.2kg, 허벅지살 포함. 반 마리 지급 가능] 1개, 진간장 15㎖, 검은 후춧가루 1g, 청주 15㎖, 달걀 1개, 백설탕 15g, 녹말가루(감자전 분) 100g, 식초 15㎖, 마늘(중, 간 것) 3쪽, 대파(흰 부분, 6cm) 2토막, 청피망 (중, 75g) 1/4개, 홍고추(생) 1/2개, 생강 5g, 참기름 5㎖, 식용유 800㎖, 소금(정제염) 10g

만드는 법

1 홍고추, 피망, 대파는 각각 0.5cm × 0.5cm로 썰고, 마늘, 생강은 다진다.

2 닭은 깨끗이 손질하여 핏물과 기름을 제거한 후 뼈를 발라내고 사방 3cm 크기로 썬다.

3 손질한 닭에 간장 1/2큰술, 청주 1/2큰술, 소금, 후춧가루로 밑간한다.

4 깐풍소스를 만들어 놓는다(육수 2큰술, 식초 1큰술, 설탕 1큰술, 간장 1큰술, 후추).

5 녹말가루 3큰술, 달걀 2큰술을 넣어 튀김옷을 만들어 밑간해 둔 닭에 버무려서 160℃ 정도의 기름에 바삭하게 두 번 튀긴다.

6 팬에 기름을 두르고 뜨거워지면 파, 마늘, 생강을 넣어 고루 볶다가 홍고추를 넣고 튀긴 닭과 깐풍소스를 넣어 볶아 국물이 없어지면 참기름을 넣어 버무린 후 담아낸다.

핵심요약

❋ 건고추는 어슷썰기나 둥글고 가늘게 썰기도 한다.
❋ 깐풍기는 국물이 있으면 안 된다.
❋ 청고추·홍고추는 너무 오래 볶아 색깔이 변하지 않도록 한다.
❋ 팬에 볶을 때 홍고추와 채소들이 타지 않도록 불조절에 주의한다.

Cooking Tip

숙련된 기능	주요 실수사례	양념비율 정리
• 뼈를 발라내는 방법이 능숙함 • 튀김 온도 조절	• 온도가 높아서 겉만 익고 안은 안 익은 경우 • 볶을 때 온도가 높아서 타는 경우	• 깐풍소스 : 육수(물) 2큰술, 설탕 1큰술, 식초 1큰술, 간장 1큰술, 후추 약간

탕수생선살

糖醋魚塊儿 | táng cù yú kuair

요구사항

※ **주어진 재료를 사용하여 다음과 같이 탕수생선살을 만드시오.**

❶ 생선살은 1cm × 4cm 크기로 썰어 사용하시오.
❷ 채소는 편으로 썰어 사용하시오.
❸ 소스는 달콤하고 새콤한 맛이 나도록 만들어 튀긴 생선에 버무려 내시오.

지급재료

흰 생선살(껍질 벗긴 것, 동태 또는 대구) 150g, 달걀 1개, 당근 30g, 오이(가늘고 곧은 것, 20cm) 1/6개, 완두콩 20g, 파인애플(통조림) 1쪽, 건목이버섯 1개, 진간장 30㎖, 백설탕 100g, 식용유 600㎖, 식초 60㎖, 녹말가루(감자전분) 100g

만드는 법

1 생선살은 1cm×4cm로 썰어서 녹말가루와 달걀흰자를 넣고 잘 버무려 기름에 바삭하게 튀겨낸다.

2 채소는 편으로 썰고 완두콩은 끓는 물에 살짝 데쳐 찬물에 헹구고 목이버섯은 적당한 크기로 뜯어놓는다.

3 녹말가루 1큰술, 물 2큰술을 섞어 물녹말을 만들어 놓는다.

4 팬에 기름을 두르고 당근, 목이버섯, 파인애플, 완두콩 순으로 넣고 볶다가 물 1컵, 간장 1큰술, 설탕 3큰술, 식초 3큰술을 넣고 끓으면 오이를 넣고 물녹말을 넣어 농도를 맞춘다.

5 완성한 탕수소스에 튀긴 고기를 넣고 버무려 완성한다.

핵심요약

❋ 생선살은 1cm×4cm 크기로 썰어서 사용한다.

❋ 채소는 편으로 썰어 사용한다.

❋ 생선은 반드시 수분을 제거하고 튀김을 한다.

❋ 바삭하지 않을 경우 두 번 튀겨도 된다.

Cooking Tip

숙련된 기능	주요 실수사례	양념비율 정리
• 생선살의 크기를 일정하게 잘 썰고 녹말에 잘 버무리는 능숙함	• 생선살이 부서지지 않아야 한다.	• 탕수소스 : 육수 1컵, 설탕 3큰술, 식초 3큰술, 간장 1큰술 • 물녹말의 비율 : 녹말가루 1큰술 : 물 2큰술

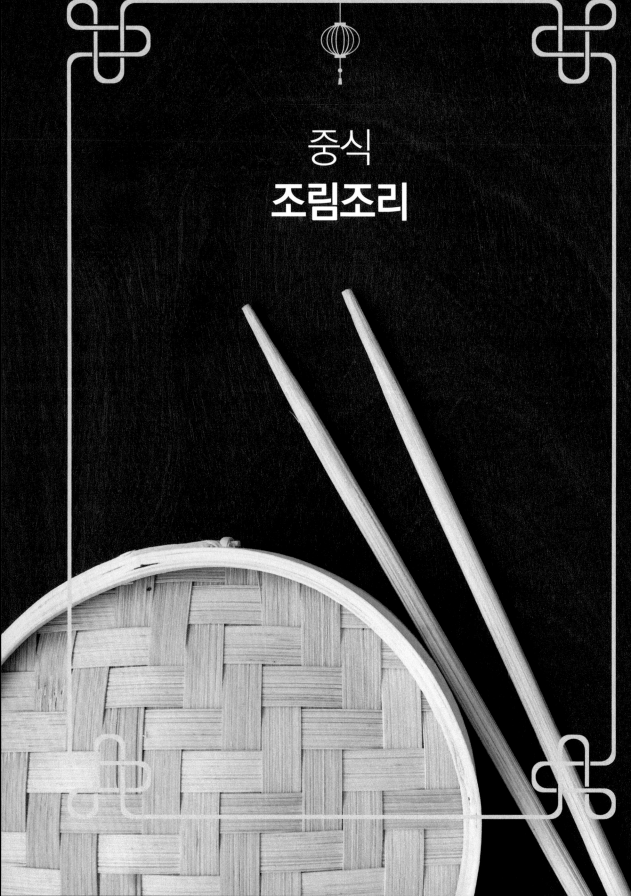

중식
조림조리

학습내용	평가항목	성취수준		
		상	중	하
조림 준비	조림의 특성을 고려하여 적합한 재료를 선정할 수 있다.			
	각 재료를 조림의 종류에 맞게 준비할 수 있다.			
	조림의 종류에 맞게 도구를 선택할 수 있다.			
조림 조리	재료를 각 조림요리의 특성에 맞게 손질할 수 있다.			
	손질한 재료를 기름에 익히거나 물에 데칠 수 있다.			
	조림 조리를 위해 화력을 강약으로 조절할 수 있다.			
	조림에 따라 양념과 향신료를 조절 사용할 수 있다.			
	조림요리 특성에 따라 전분으로 농도를 조절하여 완성할 수 있다.			
조림 완성	조림의 종류에 따라 그릇을 선택할 수 있다.			
	조림요리에 어울리는 기초 장식을 할 수 있다.			
	표준 조리법에 따라 색깔, 맛, 향, 온도를 고려하여 조림요리를 담을 수 있다.			
	도구를 사용하여 적합한 크기로 요리를 잘라 제공할 수 있다.			

 학습자 결과물

난자완스

南煎丸子 | nán jiān wān zi

요구사항

※ **주어진 재료를 사용하여 다음과 같이 난자완스를 만드시오.**

❶ 완자는 지름 4cm로 둥글고 납작하게 만드시오.

❷ 완자는 손이나 수저로 하나씩 떼어 팬에서 모양을 만드시오.

❸ 채소는 4cm 크기의 편으로 써시오.(단, 대파는 3cm 크기)

❹ 완자는 갈색이 나도록 하시오.

지급재료

돼지등심(다진 살코기) 200g, 마늘(중, 깐 것) 2쪽, 대파(흰 부분, 6cm) 1토막, 소금(정제염) 3g, 달걀 1개, 녹말가루(감자전분) 50g, 죽순[통조림(whole), 고형분] 50g, 건표고버섯(지름 5cm, 물에 불린 것) 2개, 생강 5g, 검은 후춧가루 1g, 청경채 1포기, 진간장 15㎖, 청주 20㎖, 참기름 5㎖, 식용유 800㎖

만드는 법

1 표고버섯과 죽순은 끓는 물에 데친다.

2 표고버섯과 청경채는 밑동을 잘라내고 죽순은 빗살 모양을 살려 4cm 크기 편으로 썬다.

3 대파는 반으로 갈라 길이 3cm로 썰고 마늘은 편썰고 생강은 다진다.

4 돼지고기는 한 번 더 다져 소금으로 밑간하고 달걀과 녹말을 넣어 끈기나게 잘 치댄다.

5 녹말가루 1큰술, 물 2큰술을 섞어 물녹말을 만들어 놓는다.

6 팬에 기름을 두르고 양념한 돼지고기를 한 손에 쥐어 뺀 다음 숟가락으로 떠넣고 완자의 지름이 4cm 되게 둥글납작하게 숟가락으로 눌러주며 지지다 기름을 더 넣고 한 번 더 튀겨낸다.

7 팬에 기름을 두르고 뜨거워지면 대파와 생강, 마늘을 넣어 볶다가 간장 1큰술, 청주 1큰술을 넣고 죽순, 표고버섯, 청경채를 같이 넣어 볶으면서 육수 200ml를 부어 끓으면 소금 간을 맞추고 튀긴 완자를 넣고 중불에 약간 끓인다.

8 소스가 적당히 졸여지면 물녹말을 풀어 넣고 농도가 걸쭉해지면 참기름을 넣고 살짝 버무린다.

핵심요약

❋ 원래는 완자를 빚어 팬에 넣고 납작하게 눌러 모양을 만들어 익히지만 시험장에서는 모양이 중요하기 때문에 먼저 납작하고 둥글게 빚는 것이 좋다.

❋ 고기 반죽은 충분하게 치대어서 점성이 생겨 갈라지지 않도록 한다.

❋ 고기반죽에 전분을 너무 많이 넣으면 고기의 식감을 떨어뜨릴 수 있으니 주의한다.

❋ 완자의 크기를 일정하게 한다.

Cooking Tip

숙련된 기능	주요 실수사례	양념비율 정리
• 고기 다지는 기술이 능숙함	• 손으로 완자를 지름 4cm로 만들어서 익히는 경우	• 물녹말의 비율 : 녹말가루 1큰술 : 물 2큰술

홍쇼두부

紅燒豆腐 | hóng shāo dòu fu

요구사항

※ 주어진 재료를 사용하여 다음과 같이 홍쇼두부를 만드시오.

❶ 두부는 가로와 세로 5cm, 두께 1cm의 삼각형 크기로 써시오.

❷ 채소는 편으로 써시오.

❸ 두부는 으깨어지거나 붙지 않게 하고 갈색이 나도록 하시오.

지급재료

두부 150g, 돼지등심(살코기) 50g, 건표고버섯(지름 5cm, 물에 불린 것) 1개, 죽순[통조림(whole), 고형분] 30g, 마늘(중, 깐 것) 2쪽, 생강 5g, 진간장 15㎖, 녹말가루(감자전분) 10g, 청주 5㎖, 참기름 5㎖, 식용유 500㎖, 청경채 1포기, 대파(흰 부분, 6cm) 1토막, 홍고추(생) 1개, 양송이[통조림(whole), 양송이 큰 것] 1개, 달걀 1개

만드는 법

1 표고버섯과 죽순은 끓는 물에 데친다.

2 두부는 사방 5cm, 두께 1cm의 삼각형으로 썰어 물기를 제거한다.

3 생강, 마늘은 편으로 썰고 대파는 3cm 길이로 썰어 반으로 가른다.

4 죽순, 청경채는 4cm 길이로 썰고 표고버섯과 양송이는 모양대로 편으로 썬다. 홍고추는 반 갈라 씨를 빼고 4cm 길이로 썬다.

5 돼지고기는 핏물을 제거하고 채소들과 비슷한 크기로 편썰어 청주, 간장으로 밑간한 뒤 달걀흰자와 녹말가루로 버무린다.

6 두부는 150℃에서 달라붙지 않게 넣어 노릇하게 굽거나 튀겨낸다.

7 튀김팬에 고기가 잠길 정도로 식용유를 붓고 약한 불에 고기를 넣어 기름에 데쳐 놓는다.

8 물녹말을 만들어 놓는다(녹말 1큰술, 물 2큰술).

9 팬에 기름 1큰술을 두르고 대파, 마늘, 생강을 넣고 볶다가 간장 1큰술, 청주 1큰술을 넣어 향을 내고 표고버섯, 양송이, 죽순, 홍고추, 청경채를 넣어 살짝 볶는다.

10 물 200ml를 붓고 끓으면 튀긴 두부와 돼지고기를 넣고 물전분을 넣어 농도를 맞춘 뒤 참기름을 넣고 고루 섞어 완성한다.

핵심요약

❈ 청경채나 채소는 너무 오래 볶아 색이 변하지 않도록 한다.

❈ 두부는 깨지지 않도록 주의하여 익혀내고 물기를 반드시 제거한 다음 기름에 넣는다.

❈ 전체적으로 간장 색이 날 수 있도록 한다.

Cooking Tip

숙련된 기능	주요 실수사례	양념비율 정리
• 두부를 썰고 튀기는 능숙함	• 두부를 팬에 지져서 익히는 경우	• 물녹말의 비율 : 녹말가루 1큰술 : 물 2큰술

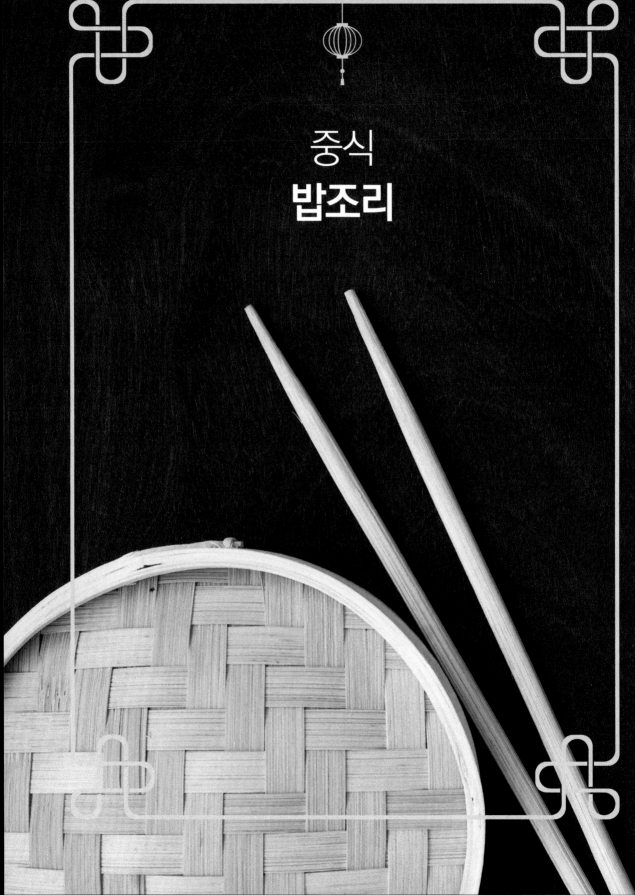

중식
밥조리

학습내용	평가항목	성취수준		
		상	중	하
쌀 준비	필요한 쌀의 양과 물의 양을 계량할 수 있다.			
	조리 방식에 따라 여러 종류의 쌀을 이용할 수 있다.			
	계량한 쌀을 씻고 일정 기간 불려 둘 수 있다.			
조리 방법	쌀의 종류와 특성, 건조도에 따라 물의 양을 가감할 수 있다.			
	표준 조리법에 따라 필요한 조리 기구를 선택하여 활용할 수 있다.			
	주어진 일정과 상황에 따라 조리 시간과 방법을 조정할 수 있다.			
	표준 조리법에 따라 화력의 강약을 조절하여 가열시간 조절, 뜸들이기를 할 수 있다.			
	메뉴 종류에 따라 보온 보관 및 재가열을 실시할 수 있다.			
요리 완성	메뉴에 따라 볶음 요리와 튀김 요리를 곁들여 조리할 수 있다.			
	화력의 강약을 조절하여 볶음밥을 조리할 수 있다.			
	메뉴 구성을 고려하여 소스(짜장소스)와 국물(달걀 국물 또는 짬뽕 국물)을 곁들여 제공할 수 있다.			
	메뉴에 따라 어울리는 기초 장식을 할 수 있다.			

 학습자 결과물

새우볶음밥

蝦仁炒飯 | xiā rén chǎo fàn

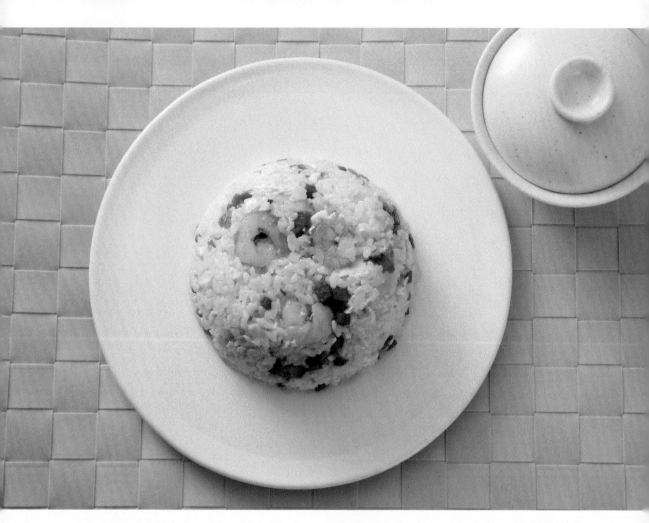

요구사항

※ **주어진 재료를 사용하여 다음과 같이 새우볶음밥을 만드시오.**

❶ 새우는 내장을 제거하고 데쳐서 사용하시오

❷ 채소는 0.5cm 크기의 주사위 모양으로 써시오.

❸ 부드럽게 볶은 달걀에 밥, 채소, 새우를 넣어 질지 않게 볶아 전량 제출하시오.

지급재료

쌀(30분 정도 물에 불린 쌀) 150g, 작은 새우살 30g, 달걀 1개, 대파(흰 부분, 6cm) 1토막, 당근 20g, 청피망(중, 75g) 1/3개, 식용유 50㎖, 소금 5g, 흰 후춧가루 5g

만드는 법

1 새우살은 내장을 제거한 후 끓는 소금물에 데쳐 놓는다.

2 불린 쌀은 씻어서 체에 건진 후 동량의 물을 넣어 밥을 고슬고슬하게 지어 접시에 펼쳐 식혀 놓는다.

3 대파, 당근, 청피망은 0.5cm 크기의 주사위 모양으로 썰어 놓는다. 달걀은 잘 풀어 체에 내려 놓는다.

4 달구어진 팬에 식용유를 두르고 따뜻해지면 달걀을 부드럽게 볶은 후 밥, 채소, 데친 새우를 넣고 질지 않게 볶아 소금으로 간을 한다.

5 밥공기를 사용하여 볶은 밥을 담아서 완성접시에 밥공기를 뒤집어서 보기 좋게 담아낸다

핵심요약

❋ 불린 쌀로 밥을 할 때 밥물을 너무 많이 넣어 밥이 질어지지 않 도록 한다.

❋ 달걀이 어느 정도 익으면 밥을 넣고 볶는다.

❋ 볶음밥은 채소와 달걀이 타지 않도록 팬을 빨리 돌리면서 볶아 준다.

Cooking Tip

숙련된 기능	양념비율 정리
• 밥을 고슬고슬하게 하는 기술	• 밥이 질게 되는 경우
• 볶을 때 눌거나 타지 않게 하는 기술	

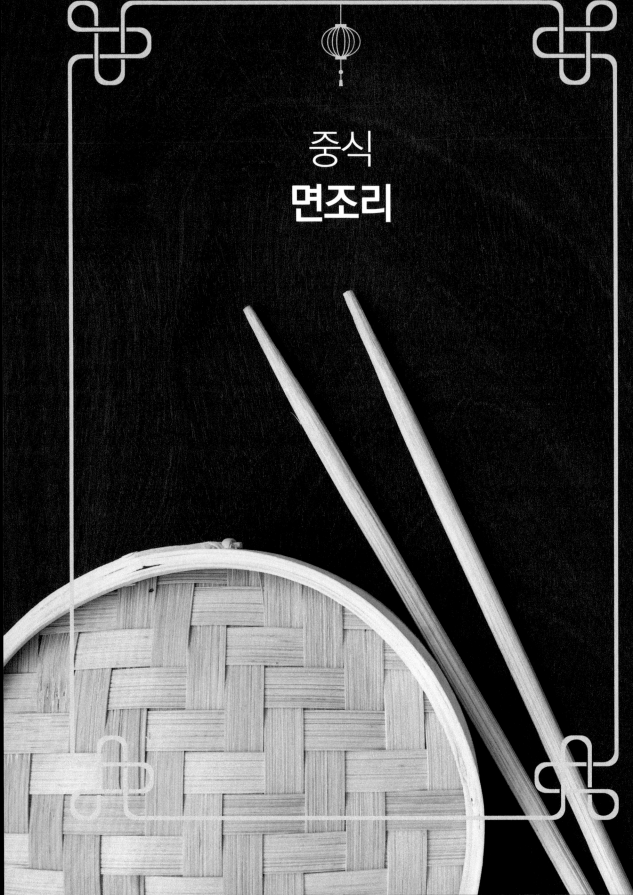

중식
면조리

학습내용	평가항목	성취수준		
		상	중	하
재료·부재료 준비 및 전처리	면의 특성을 고려하여 적합한 밀가루를 선정할 수 있다.			
	면 요리 종류에 따라 재료를 준비할 수 있다.			
	면 요리 종류에 따라 도구·제면기를 선택할 수 있다			
면 뽑기	면의 종류에 따라 적합하게 반죽하여 숙성할 수 있다.			
	면 요리에 따라 수타면과 제면기를 이용하여 면을 뽑을 수 있다.			
	면 요리에 따라 면의 두께를 조절할 수 있다.			
면 삶기	면의 종류와 양에 따라 끓는 물에 삶을 수 있도록 한다.			
	삶은 면을 찬물에 헹구어 면을 탄력 있게 할 수 있도록 한다.			
	메뉴에 따라 적합한 그릇을 선택하여 차거나 따뜻하게 담을 수 있다.			
소스별 조리하여 면 완성	메뉴에 따라 소스나 국물을 만들 수 있다.			
	요리별 표준 조리법에 따라 색깔, 맛, 향, 온도, 농도, 국물의 양 을 고려하여 소스나 국물을 담을 수 있다.			
	메뉴에 따라 어울리는 기초 장식을 할 수 있다.			

 학습자 결과물

유니짜장면

肉泥炸醬麵 | ròu ní zhá jiàng miàn

요구사항

※ 주어진 재료를 사용하여 다음과 같이 유니짜장면을 만드시오.

❶ 춘장은 기름에 볶아서 사용하시오.

❷ 양파, 호박은 0.5cm×0.5cm 크기의 네모꼴로 써시오.

❸ 중식면은 끓는 물에 삶아 찬물에 헹군 후 데쳐 사용하시오.

❹ 삶은 면에 짜장소스를 부어 오이채를 올려내시오.

지급재료

돼지등심(다진 살코기) 50g, 중식면(생면) 150g, 양파(중, 150g) 1개, 호박(애호박) 50g, 오이(가늘고 곧은 것, 길이 20cm) 1/4개, 춘장 50g, 생강 10g, 진간장 50㎖, 청주 50㎖, 소금 10g, 백설탕 20g, 참기름 10㎖, 녹말가루(감자전분) 50g, 식용유 100㎖

만드는 법

1 양파와 호박은 0.5cm×0.5cm의 네모꼴로 썰고, 오이는 5cm 정도 길이로 어슷하게 편으로 썰어 채를 썬다. 생강은 곱게 다진다.

2 다진 돼지고기도 다시 한번 다져 놓고, 물녹말을 만들어 놓는다.

3 팬에 춘장이 잠길 정도의 기름을 넣고, 기름이 뜨거워지면 기름 3큰술, 춘장 2큰술을 넣어 타지 않게 저으면서 알맞게 볶아 용기에 담아낸다.

4 팬에 기름을 넣고 뜨거워지면 약간의 양파와 생강, 다진 고기를 넣고 볶다가 간장 1작은술, 청주 1작은술을 넣어 향을 낸다.

5 다진 고기가 익으면 나머지 양파와 호박을 넣고 고루 볶아준다.

6 ⑤에 춘장을 넣고 물 1컵, 소금 약간, 설탕 1큰술을 넣고 뭉치지 않게 물녹말로 농도를 맞춘 후 참기름을 넣고 버무려 짜장소스를 완성한다.

7 중화면은 끓는 물에 삶아 찬물에 헹군 뒤 다시 뜨거운 물에 데친 뒤 그릇에 담아 짜장소스를 붓고, 오이채를 썰어서 올려 낸다.

핵심요약

❀ 기름 2 : 생짜장 1을 약불에 볶아서 사용하는데 불이 너무 강하면 안 된다.

❀ 모든 채소는 0.5×0.5cm 정도의 네모꼴로 썬다.

❀ 중화면은 끓는 물에 삶아 찬물에 헹군 뒤 뜨겁게 데쳐서 사용한다.

❀ 삶은 면에 짜장 소스를 부어주고 오이채를 그 위에 올려준다.

Cooking Tip

숙련된 기능	주요 실수사례	양념비율 정리
• 춘장 볶는 기술이 능숙함 • 탕수소스의 단맛과 신맛의 배합비가 적당함	• 춘장 볶을 때 타는 경우	• 물녹말의 비율 : 녹말가루 1큰술 : 물 2큰술

30분

울면

溫滷麵 | wēn lǔ miàn

요구사항

※ **주어진 재료를 사용하여 다음과 같이 울면을 만드시오.**

❶ 오징어, 대파, 양파, 당근, 배춧잎은 6cm 길이로 채를 써시오.

❷ 중식면은 끓는 물에 삶아 찬물에 헹군 후 데쳐 사용하시오.

❸ 소스는 농도를 잘 맞춘 다음, 달걀을 풀 때 덩어리지지 않게 하시오.

지급재료

중식면(생면) 150g, 오징어(몸통) 50g, 작은 새우살 20g, 조선부추 10g, 대파(흰 부분, 6cm) 1토막, 마늘(중, 깐 것) 3쪽, 당근(길이 6cm) 20g, 배춧잎(1/2잎) 20g, 건목이버섯 1개, 양파(중, 150g) 1/4개, 달걀 1개, 진간장 5㎖, 청주 30㎖, 참기름 5ml, 소금 5g, 녹말가루(감자전분) 20g, 흰 후춧가루 3g

만드는 법

1 오징어, 돼지고기, 대파, 양파, 당근, 배춧잎은 길이 6cm로 채썬다.

2 마늘은 다지고 목이버섯은 물에 불려 4cm 크기로 뜯거나 썰고, 부추는 길이 6cm로 썬다.

3 중화면은 끓는 물에 삶아 찬물에 헹군 뒤 다시 뜨거운 물에 데쳐 그릇에 담는다.

4 녹말가루 1큰술, 물 2큰술을 섞어 물녹말을 만들어 놓는다.

5 냄비에 육수 3컵을 넣고 끓으면 마늘, 대파를 먼저 넣고 간장 1작은술, 청주 1큰술을 넣은 다음 당근, 양파, 배추, 목이버섯 순으로 넣고 끓으면 오징어와 새우살을 넣고 끓인다.

6 육수가 끓으면 물녹말을 풀어 걸쭉하게 만든 후 달걀을 풀고 부추와 후추, 참기름을 넣어 소스를 완성한 뒤, 면 위에 붓는다.

핵심요약

❋ 오징어, 대파, 양파, 당근, 배춧잎은 6cm 정도 길이로 채썬다.

❋ 중화면은 끓는 물에 삶아 찬물에 헹군 뒤 데쳐서 사용한다.

❋ 전분의 농도를 잘 맞춘 다음 달걀을 넣어 풀 때 뭉치지 않게 한다.

Cooking Tip

숙련된 기능	주요 실수사례	양념비율 정리
• 중화면 삶는 기술 • 달걀 푸는 기술	• 육수의 농도가 너무 뻑뻑하거나 달걀이 지저분하게 풀어지는 경우	• 물녹말의 비율 : 녹말가루 1큰술 : 물 2큰술

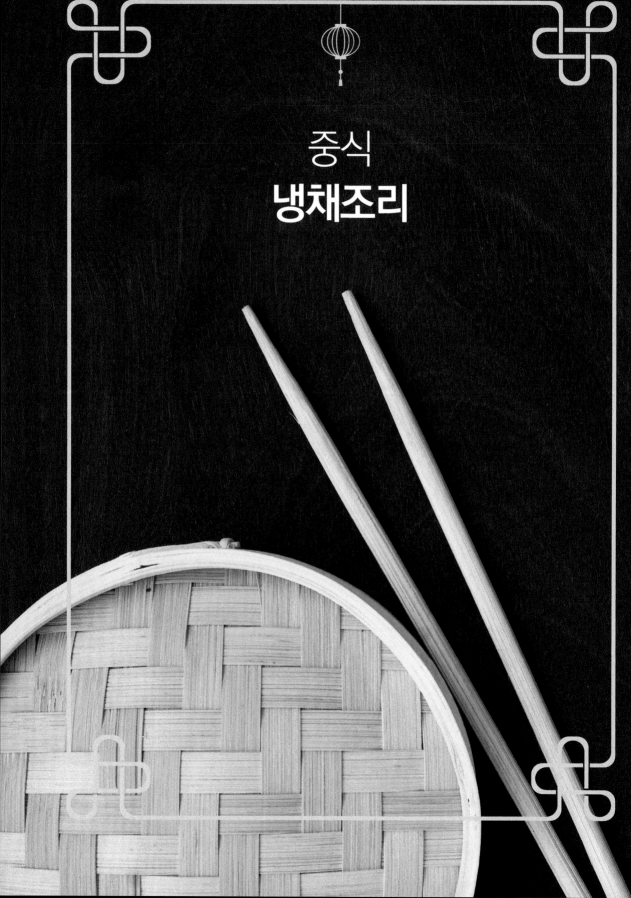

중식
냉채조리

학습내용	평가항목	성취수준		
		상	중	하
냉채 준비	선택된 메뉴를 고려하여 냉채 요리를 선정할 수 있다.			
	냉채 조리의 특성과 성격을 고려하여 재료를 선정할 수 있다.			
	재료를 계절과 재료 수급 등 냉채 요리 종류에 맞추어 손질할 수 있다.			
기초 장식 만들기	요리에 따른 기초 장식을 할 수 있다.			
	재료의 특성을 고려하여 기초 장식을 만들 수 있다.			
	만들어진 기초 장식을 보관·관리할 수 있다.			
냉채 조리	무침, 데침, 찌기, 삶기, 조림 등의 조리 방법을 표준 조리법에 따라 적용할 수 있다.			
	해산물, 육류 및 가금류 등 냉채의 일부로 사용되는 재료를 표준 조리법에 따라 준비하여 조리할 수 있다.			
	냉채 종류에 따른 적합한 소스를 선택하여 조리할 수 있다.			
	숙성 및 발효가 필요한 소스를 조리할 수 있다.			
냉채 완성	전체 식단의 양과 구성을 고려하여 제공하는 양을 조절할 수 있다.			
	냉채 요리의 모양과 제공 방법을 고려하여 접시를 선택할 수 있다.			
	숙성 시간과 온도, 선도를 고려하여 요리를 담아낼 수 있다.			
	냉채 요리에 어울리는 기초 장식을 할 수 있다.			

 학습자 결과물

오징어냉채

凉拌魷魚 | liàng bàn yóu yú

요구사항

※ **주어진 재료를 사용하여 다음과 같이 오징어냉채
를 만드시오.**

❶ 오징어 몸살은 종횡으로 칼집을 내어 3~4cm로
썰어 데쳐서 사용하시오.

❷ 오이는 얇게 3cm 편으로 썰어 사용하시오.

❸ 겨자를 숙성시킨 후 소스를 만드시오.

지급재료

갑오징어살(오징어 대체 가능) 100g,
오이(가늘고 곧은 것, 길이 20cm)
1/3개, 식초 30㎖, 백설탕 15g,
소금(정제염) 2g, 참기름 5㎖, 겨
자 20g

만드는 법

1　겨자는 미지근한 물에 개어서 뒤집어 매운맛이 나도록 발효시킨다.

2　오징어는 내장과 껍질을 벗기고 안쪽에 종횡으로 칼집을 넣어 3~4cm 정도 자른 후 끓는 물에 데쳐서 찬물에 헹군다.

3　오이는 가시를 제거하고 반으로 잘라서 길이 3cm, 두께 0.2cm로 어슷썰기를 한다.

4　발효시킨 겨자 1큰술에 설탕 1큰술, 육수 1큰술, 소금 1/3작은술, 식초 1큰술을 혼합하여 간을 맞춘 후 참기름을 넣는다.

5　데쳐서 식힌 갑오징어와 오이를 골고루 섞어서 보기 좋게 담고 겨자소스를 위에 끼얹는다(겨자소스를 버무려서 제출해도 된다).

핵심요약

❋ 먼저 겨자를 발효시킨 다음 나머지 작업을 하는 것이 좋다.

❋ 갑오징어는 안쪽에 칼집을 넣어야 하며 너무 오래 삶아 오그라들지 않도록 한다.

❋ 겨자는 따뜻한 물에 개어서 발효시킨다.

❋ 오징어는 반드시 식혀서 오이와 섞어놓는다.

Cooking Tip

숙련된 기능	양념비율 정리
• 칼집을 넣을 때 껍질 쪽에 넣는 경우가 많다. 항상 구분을 잘해서 칼집을 넣는다.	• 겨자소스 : 발효된 겨자 1큰술, 설탕 1큰술, 소금 1/3 작은술, 식초 1큰술, 육수 1큰술, 참기름 1작은술

해파리냉채

凉拌海蜇皮 │ liàng bàn hǎi zhé pí

요구사항

※ **주어진 재료를 사용하여 다음과 같이 해파리냉채를 만드시오.**

❶ 해파리는 염분을 제거하고 살짝 데쳐서 사용하시오.

❷ 오이는 0.2cm×6cm 크기로 어슷하게 채를 써시오.

❸ 해파리와 오이를 섞어 마늘소스를 끼얹어 내시오.

지급재료

해파리 150g, 오이(가늘고 곧은 것, 20cm) 1/2개, 마늘(중, 깐 것) 3쪽, 식초 45㎖, 백설탕 15g, 소금(정제염) 7g, 참기름 5㎖

만드는 법

1 해파리는 여러 번 씻어 염분을 제거하고 오이는 소금으로 씻어 준비한다.

2 냄비에 물을 올려 물이 끓기 시작하면 해파리를 건져 끓는 물에 살짝 넣었다 꺼내어 냉수에 담가둔다.

3 오이는 0.2cm×6cm 크기로 어슷하게 채를 썬다.

4 마늘은 곱게 다진다.

5 해파리를 건져 수분을 제거한다.

6 다진 마늘, 설탕 1큰술, 식초 1큰술, 소금 1/2작은술, 참기름을 약간 섞어 마늘소스를 만든다.

7 수분을 제거한 해파리와 오이를 잘 섞어 접시에 올려 담고 마늘소스를 끼얹어 낸다.

핵심요약

❀ 해파리는 염장한 것이기 때문에 물에 담가 냄새와 염분을 충분히 제거한다.

❀ 해파리가 썰어지지 않는 것이 지급되었을 경우 말아서 채썰어 사용한다.

❀ 데치는 물의 온도가 너무 높지 않도록 한다. 온도가 너무 높으면 심하게 오그라들고 질겨진다.

❀ 오이는 돌려깎기하여 썰거나 편썰기를 하여 채썬 뒤에 사용한다.

❀ 소스를 너무 일찍 뿌리면 물이 생기므로 주의한다.

Cooking Tip

숙련된 기능	주요 실수사례	양념비율 정리
• 오이는 어슷썬 뒤에 채썰어야 함(한식조리기능사처럼 돌려깎기가 아님)	• 해파리 데칠 때 온도가 높아서 질기게 데치는 경우가 많다. 항상 살짝만 끓여서 해파리를 데친다.	• 마늘소스 : 다진 마늘 1큰술, 식초 1큰술, 설탕 1큰술, 소금 1/2작은술, 참기름 1/2작은술

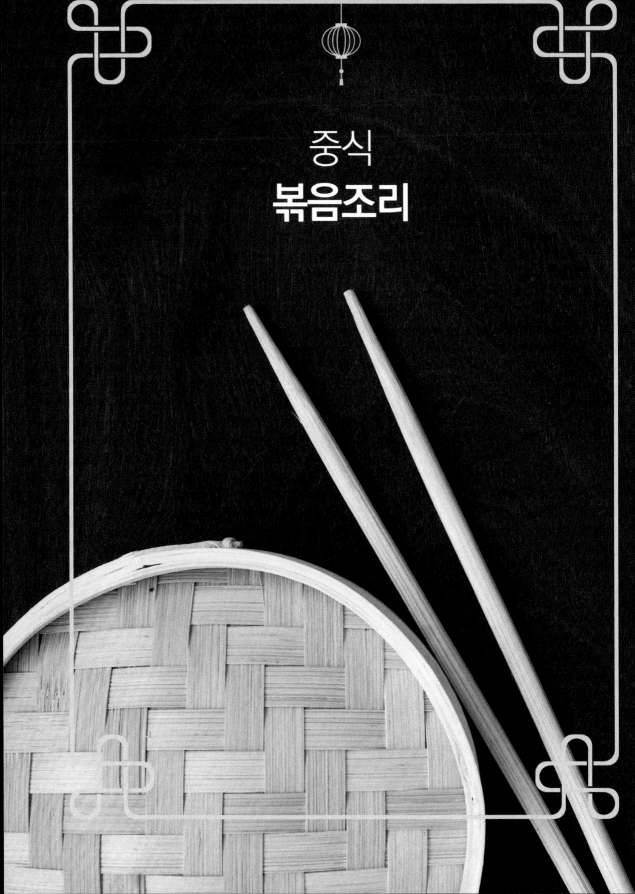

중식
볶음조리

학습내용	평가항목	성취수준		
		상	중	하
볶음 준비	볶음의 특성을 고려하여 적합한 재료를 선정할 수 있다.			
	볶음 방법에 따른 조리용 매개체(물, 기름류, 양념류)를 이용하고 선정할 수 있다.			
	각 재료를 볶음의 종류에 맞게 준비할 수 있다.			
볶음 조리	재료를 볶음 요리에 맞게 썰 수 있다.			
	썰어진 재료를 조리 순서에 맞게 기름에 익히거나 물에 데칠 수 있다.			
	화력의 강약을 조절하고 양념과 향신료를 첨가하여 볶음 요리를 할 수 있다.			
	메뉴별 표준 조리법에 따라 전분을 이용하여 볶음 요리의 농도를 조절할 수 있다.			
볶음 완성	볶음 요리의 종류와 제공 방법에 따른 그릇을 선택할 수 있다.			
	메뉴에 따라 어울리는 기초 장식을 할 수 있다.			
	메뉴의 표준 조리법에 따라 볶음 요리를 담을 수 있다.			

 학습자 결과물

양장피잡채

炒肉兩張皮 │ chǎo ròu liǎng zhāng pí

35분

※ **주어진 재료를 사용하여 다음과 같이 양장피잡채를 만드시오.**

❶ 양장피는 4cm로 하시오.

❷ 고기와 채소는 5cm 길이의 채를 써시오.

❸ 겨자는 숙성시켜 사용하시오.

❹ 볶은 재료와 볶지 않는 재료의 분별에 유의하여 담아내시오.

지급재료

양장피 1/2장, 돼지등심(살코기) 50g, 양파(중, 150g) 1/2개, 조선부추 30g, 건목이버섯 1개, 당근(길이로 썰어서) 50g, 오이(가늘고 곧은 것, 길이 20cm) 1/3개, 달걀 1개, 진간장 5㎖, 참기름 5㎖, 겨자 10g, 식초 50㎖, 백설탕 30g, 식용유 20㎖, 작은 새우살 50g, 갑오징어살(오징어 대체 가능) 50g, 건해삼(불린 것) 60g, 소금(정제염) 3g

1 냄비에 물을 먼저 올려 겨자 1큰술을 따뜻한 물에 개어 발효시키고 양
  장피와 목이버섯은 뜨거운 물에 각각 불린다.

2 새우와 해삼은 내장을 제거하고 오징어는 껍질을 제거하여 안쪽에 칼
  집을 넣는다.

3 끓인 물에 당근, 새우, 칼집 넣은 오징어, 해삼을 데친다.

4 양파와 부추는 5cm 길이로 채썰고 목이버섯은 손으로 뜯은 다음, 돼
  지고기는 핏물을 제거하고 5cm 길이로 채를 썬다.

5 달걀은 지단을 부쳐 5cm 길이로 채썰고 데친 해삼과 오징어도 5cm
  길이로 채를 썬다.

6 당근과 오이도 5cm 길이로 채를 썬다.

7 양장피는 냉수에 헹궈 사방 4cm 정도로 뜯어 참기름으로 무쳐놓는다.

8 발효시킨 겨자에 설탕 1큰술, 식초 1큰술, 소금, 물, 참기름을 넣어 겨
  자소스를 만든다.

9 팬에 기름을 두르고 돼지고기를 볶다가 간장 1작은술을 넣어 양파, 목
  이버섯, 부추 순으로 넣고 볶은 후 소금, 참기름을 넣어 식혀 놓는다.

10 접시에 당근, 오이, 달걀지단, 해삼, 새우, 오징어 등으로 돌려 담고 가
   운데 양장피를 담은 다음 중간에 ⑨의 볶은 것을 담고 돌려 담은 재료
   위에 겨자소스를 끼얹는다.

핵심요약

❋ 양장피는 뜨거운 물에 넣고 부드러워지면 바로 건져 찬물에 식혀 준비한다.
❋ 양장피잡채는 시간이 많이 소요되므로 시간 안배를 잘한다.
❋ 모든 재료는 모양을 일정하게 배열한다.

❋ 새우 지급이 부족할 경우 반으로 잘라 사용한다.
❋ 오이는 겉에 푸른색과 내부의 옅은 색을 따로 썰어서 배열한다.
❋ 겨자는 40℃ 이상의 따뜻한 물에 개어야 매운맛과 톡 쏘는 맛을 증가시킬 수 있다.

Cooking Tip

숙련된 기능	주요 실수사례	양념비율 정리
• 일정하게 채썰기	• 시험시간을 많이 초과하는 경우 • 양장분이 안 익는 경우	• 겨자소스 : 발효된 겨자 1큰술, 식초 1큰술, 설탕 1큰술, 소금 1/3작은술, 참기름 1작은술, 물 1큰술

부추잡채

韮菜炒肉絲 | jiǔ cài chǎo ròu sī

요구사항

※ **주어진 재료를 사용하여 다음과 같이 부추잡채를 만드시오.**

❶ 부추는 6cm 길이로 써시오.

❷ 고기는 0.3cm×6cm 길이로 써시오.

❸ 고기는 간을 하여 기름에 익혀 사용하시오.

지급재료

부추[중국부추(호부추)] 120g, 돼지등심(살코기) 50g, 달걀 1개, 청주 15㎖, 소금(정제염) 5g, 참기름 5㎖, 식용유 100㎖, 녹말가루(감자전분) 30g

만드는 법

1 부추는 깨끗이 씻어 길이 6cm로 썰어서 흰 부분과 푸른 부분을 구분해 놓는다.

2 돼지고기는 핏물을 제거하고 얇게 저민 후 0.3cm×6cm 길이로 채 썰어 소금 약간, 청주 1작은술을 넣어 밑간한 다음 달걀흰자 1/2큰술, 녹말가루 1/2큰술을 넣어 잘 버무린다.

3 팬에 고기가 잠길 만큼의 기름을 넣고 100℃ 정도에서 고기가 서로 달라붙지 않도록 젓가락으로 저어가면서 부드럽게 데친다.

4 팬에 기름을 두르고 뜨거워지면 부추 흰 부분을 먼저 넣고 향이 나면 청주 1작은술을 넣어 볶다가 익힌 돼지고기와 부추의 푸른 부분을 넣고 센 불에서 볶아 소금으로 간한 후 참기름을 넣고 완성접시에 담아 낸다.

핵심요약

❋ 부추는 흰 부분이 두꺼우므로 먼저 넣어 볶는다.

❋ 부추잡채는 오래 볶으면 물이 생기므로 재빠르게 볶아낸다.

❋ 고기는 익으면 굵어지므로 자르는 것에 주의한다.

❋ 시험장에서는 조선부추가 나올 경우도 있으므로 자른 부추에 볶기 전에 소금으로 간한 다음 재빨리 볶아야 물이 안 생기고 선명한 색을 유지할 수 있다.

Cooking Tip

숙련된 기능	주요 실수사례
• 고기를 포뜨는 기술	• 고기에 달걀물을 많이 넣는 경우 • 데칠 때 기름의 온도가 높은 경우

고추잡채

青椒炒肉絲 | qīng jiāo chǎo ròu sī

요구사항

※ **주어진 재료를 사용하여 다음과 같이 고추잡채
를 만드시오.**

❶ 주재료 피망과 고기는 5cm의 채로 써시오.

❷ 고기는 간을 하여 기름에 익혀 사용하시오.

지급재료

돼지등심(살코기) 100g, 청주 5㎖,
녹말가루(감자전분) 15g, 청피망
(중, 75g) 1개, 달걀 1개, 죽순[통
조림(whole), 고형분] 30g, 건표고
버섯(지름 5cm, 물에 불린 것) 2개,
양파(중, 150g) 1/2개, 참기름 5㎖,
식용유 150㎖, 소금(정제염) 5g, 진간장 15㎖

만드는 법

1 표고버섯과 죽순은 끓는 물에 데친다.

2 피망, 죽순, 표고버섯과 양파는 길이 5cm로 일정하게 채썰어 놓는다. 이때 죽순은 빗살무늬를 제거한 다음 채썰고 표고버섯은 포뜬 후에 채 썬다.

3 돼지고기는 얇게 저며 5cm 길이로 가늘게 채썬 뒤 간장, 청주, 1작은 술씩을 넣어 밑간을 한다.

4 밑간한 돼지고기에 달걀흰자 1작은술, 녹말가루 1작은술을 넣어 잘 버무린 뒤 팬에 고기가 잠길 만큼의 기름을 넣고 100℃ 정도에서 고 기가 서로 달라붙지 않도록 젓가락으로 저어가면서 부드럽게 데친다.

5 팬에 기름을 두르고 뜨거워지면 양파, 죽순, 표고버섯을 넣어 볶다가 간장, 청주를 같이 넣어 볶은 후 피망을 넣고 소금으로 간을 맞춘 다음 익혀낸 고기를 넣고 살짝 볶아 참기름을 넣어 완성한다.

핵심요약

❋ 고기는 결 반대방향으로 썰어서 질기지 않도록 한다.

❋ 고기를 익힐 때 달라붙지 않도록 주의한다.

❋ 피망의 색이 변하지 않도록 주의한다.

❋ 고기에 달걀흰자를 너무 많이 넣으면 안 된다.

❋ 볶아서 완성접시에 담았을 때 물이 생기지 않도록 주의한다.

Cooking Tip

숙련된 기능	주요 실수사례
• 피망을 잘 다루어 채써는 기술	• 돼지고기에 달걀물을 많이 넣는 경우 • 고기를 기름에 데칠 때 기름온도가 높은 경우

마파두부

麻婆豆腐 | má pó dòu fu

요구사항

※ 주어진 재료를 사용하여 다음과 같이 마파두부를 만드시오.

❶ 두부는 1.5cm의 주사위 모양으로 써시오.

❷ 두부가 으깨어지지 않게 하시오.

❸ 고추기름을 만들어 사용하시오.

❹ 홍고추는 씨를 제거하고 0.5cm×0.5cm로 써시오.

지급재료

두부 150g, 마늘(중, 깐 것) 2쪽,
생강 5g, 대파(흰 부분, 6cm) 1토막
홍고추(생) 1/2개, 두반장 10g
검은 후춧가루 5g, 돼지등심(다진
살코기) 50g, 백설탕 5g, 녹말가루
(감자전분) 15g, 참기름 5㎖, 식용유
60㎖, 진간장 10㎖, 고춧가루 15g

만드는 법

1 두부는 1.5cm의 주사위 모양으로 썰고, 홍고추는 씨를 제거하여 0.5cm 크기 정도로 썰고 대파, 마늘, 생강은 다진다.

2 돼지고기도 잘 다져서 준비하고 팬에 고춧가루 1큰술과 식용유 3큰술을 넣어 볶은 다음, 고운체에 걸러 고추기름을 만든다.

3 두부는 먼저 끓는 물에 소금을 넣고 데쳐서 체에 밭친다.

4 녹말가루 1큰술, 물 2큰술을 섞어 물녹말을 만들어 놓는다.

5 팬에 고추기름 1~2큰술을 두르고 뜨거워지면 다진 돼지고기를 볶다가 파, 마늘, 생강, 홍고추를 넣어 볶은 후 간장, 물 1컵, 설탕 1작은술, 후춧가루를 넣고 끓이다가 두반장 1큰술을 넣고 끓인다.

6 ⑤의 매운 소스에 두부를 넣고 약간 끓이다가 녹말물을 조금씩 풀어 걸쭉하게 하여 농도를 맞춘 뒤 참기름을 넣고 섞어서 그릇에 담아낸다.

핵심요약

❀ 고추기름이 타지 않도록 한다.

❀ 고추기름은 소청이나 가는 채반에 밭쳐 깨끗한 고추 기름을 사용할 수 있도록 한다.

❀ 두부는 으깨지지 않도록 주의한다.

❀ 두부는 끓는 물에 살짝 데치거나 뜨거운 물에 담가 놓아도 된다.

Cooking Tip

숙련된 기능	주요 실수사례	양념비율 정리
• 고추기름을 만드는 조리과정이 능숙함	• 고추기름 만들 때 태우는 경우	• 물녹말의 비율 : 녹말가루 1큰술 : 물 2큰술 • 소스 : 육수(물) 1컵, 두반장 1큰술, 설탕 1작은술, 후춧가루 • 고추기름 비율 : 고춧가루 1큰술, 식용유 3큰술

25분

새우케첩볶음

番茄醬蝦仁 | fān qié jiàng xiā rén

요구사항

※ **주어진 재료를 사용하여 다음과 같이 새우케첩**
볶음을 만드시오.

❶ 새우 내장을 제거하시오.

❷ 당근과 양파는 1cm 크기의 사각으로 써시오.

지급재료

작은 새우살(내장이 있는 것) 200g
진간장 15㎖, 달걀 1개, 녹말가루(감
자전분) 100g, 토마토케첩 50g,
청주 30㎖, 당근(길이로 썰어서)
30g, 양파(중, 150g) 1/6개, 소금(정
제염) 2g, 백설탕 10g, 식용유 800㎖,
생강 5g, 대파(흰 부분, 6cm) 1토막,
이쑤시개 1개, 완두콩 10g

만드는 법

1 새우는 이쑤시개를 이용하여 내장을 제거한 후 소금, 청주로 밑간해 놓는다.

2 당근, 양파는 1cm 크기의 네모꼴로 썬 후, 생강은 다지고 완두콩은 끓는 물에 살짝 데친 뒤 찬물에 씻어 채소 접시 한쪽에 같이 담아 놓는다.

3 녹말가루 1큰술, 물 2큰술을 섞어 물녹말을 만들어 놓는다.

4 밑간한 새우에 달걀과 녹말(1:3)을 넣어 반죽한 후 160℃의 기름에 바삭하게 튀겨낸다.

5 팬에 기름을 두르고 대파, 생강을 볶다가 양파, 당근, 완두콩을 넣어 볶은 다음 육수 1/2컵을 넣고 케첩 3큰술, 설탕 1큰술, 소금 약간을 넣어 끓으면 물녹말을 넣고 농도를 맞춘다.

6 소스에 튀긴 새우를 넣고 잘 섞어준 뒤 접시에 담는다.

핵심요약

❋ 튀김 온도를 잘 확인한다.
❋ 물전분의 농도가 너무 되직하지 않도록 한다.
❋ 새우 튀김옷이 너무 두껍지 않도록 주의한다.
❋ 새우는 바삭하게 튀겨낸다.
❋ 채소는 기름을 두르고 재빠르게 볶아 색이 변하지 않도록 한다.

Cooking Tip

숙련된 기능	주요 실수사례	양념비율 정리
• 새우살에 반죽 익히는 정도	• 바삭하게 튀기지 않을 경우 • 녹말물이 많이 들어가서 되직하게 되는 경우	• 케첩소스 : 육수(물) 1/2컵, 케첩 3큰술, 설탕 1큰술, 소금 약간 • 물녹말의 비율 : 녹말가루 1큰술 : 물 2큰술

채소볶음

什錦炒蔬菜 | shí jǐn chǎo shù cài

요구사항

※ 주어진 재료를 사용하여 다음과 같이 채소볶음을 만드시오.

❶ 모든 채소는 길이 4cm의 편으로 써시오.
❷ 대파, 마늘, 생강을 제외한 모든 채소는 끓는 물에 살짝 데쳐서 사용하시오.

지급재료

청경채 1개, 대파(흰 부분, 6cm) 1토막, 당근(길이로 썰어서) 50g, 죽순[통조림(whole), 고형분] 30g, 청피망(중, 75g) 1/3개, 건표고버섯(지름 5cm, 물에 불린 것) 2개, 식용유 45㎖, 소금(정제염) 5g, 진간장 5㎖, 청주 5㎖, 참기름 5㎖, 마늘(중, 깐 것) 1쪽, 흰 후춧가루 2g, 생강 5g, 셀러리 30g, 양송이[통조림(whole), 양송이 큰 것] 2개, 녹말가루(감자전분) 20g

1 표고버섯과 죽순은 끓는 물에 데치고 모든 채소는 깨끗이 씻는다.

2 청경채는 두꺼운 부분을 잘라내고, 셀러리는 섬유질을 제거한 후 청경
   채, 당근, 청피망과 함께 4cm 편으로 썬다.

3 마늘, 생강, 양송이는 편으로 썬다.

4 죽순은 빗살 모양으로 썰고 표고버섯은 기둥을 뗀 다음 4cm 편으로
   썰고, 대파는 2등분하여 길이 3cm로 썬다.

5 대파, 마늘, 생강을 제외한 모든 채소는 끓는 물에 소금을 넣고 한 번
   살짝 데쳐 찬물에 헹군다.

6 녹말가루 1/2큰술, 물 1큰술을 섞어 물녹말을 만들어 놓는다.

7 팬에 기름을 두른 뒤 대파와 생강, 마늘을 넣고 향이 나면 간장 1/2작
   은술과 청주 1작은술을 넣고 볶다가 데쳐낸 채소들을 넣어 센 불에 빨
   리 볶는다.

8 ⑦에 물 3큰술을 넣고 끓으면 물녹말을 넣어 농도를 맞추고 참기름을
   넣어 살짝 버무린다.

핵심요약

⊛ 채소볶음은 빨리 볶아 채소의 색이 살아 있어야 한다.

⊛ 소스 농도가 너무 묽지 않도록 주의한다.

⊛ 정선된 채소는 크기가 일정해야 한다.

Cooking Tip

숙련된 기능	주요 실수사례	양념비율 정리
• 센 불에서 재빨리 볶는 기술 • 일정한 크기로 써는 기술	• 센 불에서 볶다가 태우는 경우 • 물을 많이 넣어서 걸쭉해지는 경우	• 물녹말의 비율 : 녹말가루 1/2 큰술, 물 1큰술 • 소스 : 육수 3큰술, 소금 1/3 작은술

라조기

辣椒鷄 | là jiāo jī

요구사항

※ **주어진 재료를 사용하여 다음과 같이 라조기를 만드시오.**

❶ 닭은 뼈를 발라낸 후 5cm×1cm의 길이로 써시오.

❷ 채소는 5cm×2cm의 길이로 써시오.

지급재료

닭다리(한 마리 1.2kg, 허벅지살 포함. 반 마리 지급 가능) 1개, 죽순[통조림 (whole), 고형분] 50g, 건표고버섯 (지름 5cm, 물에 불린 것) 1개, 홍고 추(건) 1개, 양송이[통조림(whole), 양송이 큰 것] 1개, 청피망(중, 75g) 1/3개, 청경채 1포기, 생강 5g 대파(흰 부분, 6cm) 2토막, 마늘(중, 깐 것) 1쪽, 달걀 1개, 진간장 30㎖, 소금(정제염) 5g, 청주 15㎖, 녹말가루(감자 전분) 100g, 고추기름 10㎖, 식용유 900㎖, 검은 후춧가 루 1g

만드는 법

1 대파, 죽순, 표고버섯, 청경채, 청피망은 5cm×2cm로 썰고 마늘, 생강, 양송이는 편으로 썬다.

2 건홍고추는 씨를 제거하고 5cm×2cm로 썬다.

3 닭은 뼈를 발라 5cm×1cm 크기로 썰어 소금, 청주, 후춧가루를 넣고 간을 하여 달걀 2큰술과 녹말가루 3큰술을 넣어 버무린다.

4 녹말가루 1큰술, 물 2큰술을 섞어 물녹말을 만들어 놓는다.

5 160℃의 기름에 두세 번 바삭하게 튀겨준다.

6 팬에 고추기름을 두르고 대파, 생강, 마늘, 건고추를 넣고 향이 나면 간장 1큰술과 청주 1큰술을 같이 넣어 볶다가 채소를 순서대로 넣어 볶는다.

7 ⑤에 물 1컵을 넣고 소금, 후추로 간을 한 후 물녹말로 농도를 맞추고 튀긴 닭을 넣고 버무려 완성접시에 담아낸다.

핵심요약

⊛ 닭은 뼈를 제거하여 사용하고 남은 닭 뼈는 육수로 사용한다.

⊛ 닭은 밑간하여 바삭하게 튀겨낸다.

⊛ 피망은 청고추로 지급될 수도 있다.

⊛ 채소의 크기는 모두 일정하게 정선한다.

Cooking Tip

숙련된 기능	주요 실수사례	양념비율 정리
• 뼈를 발라내는 방법에 능숙함 • 튀김 온도 조절	• 고추기름이 제공되지만 확인 못하고 안 넣는 경우 • 참기름을 넣는 경우	• 물녹말의 비율 : 녹말가루 1큰술 : 물 2큰술

경장육사

京醬肉絲 | jīng jiàng ròu sì

요구사항

※ **주어진 재료를 사용하여 다음과 같이 경장육사를 만드시오.**

❶ 돼지고기는 길이 5cm의 얇은 채로 썰고, 간을 하여 기름에 익혀 사용하시오.

❷ 춘장은 기름에 볶아서 사용하시오.

❸ 대파 채는 길이 5cm로 어슷하게 채썰어 매운 맛을 빼고 접시에 담으시오.

지급재료

돼지등심(살코기) 150g, 죽순[통조림(whole), 고형분] 100g, 대파(흰 부분, 6cm) 3토막, 달걀 1개, 춘장 50g, 식용유 300㎖, 백설탕 30g, 굴소스 30㎖, 청주 30㎖, 진간장 30㎖, 녹말가루(감자전분) 50g, 참기름 5㎖, 마늘(중, 깐 것) 1쪽, 생강 5g

1 대파는 씻어서 어슷하게 채썬 뒤 찬물에 담가 매운맛을 빼준다.

2 죽순은 끓는 물에 데쳐 채썰고, 나머지 대파와 마늘, 생강은 짧게 채썬다.

3 돼지고기는 5cm의 얇은 채로 썰어서 간장 1작은술, 청주 1작은술로 밑간을 한다.

4 ③에 달걀흰자 1큰술, 녹말가루 1큰술을 넣고 버무려 기름에 익혀낸다.

5 녹말가루 1큰술, 물 2큰술을 섞어 물녹말을 만든다.

6 춘장은 기름 3큰술, 춘장 2큰술을 넣고 볶아낸다.

7 팬에 기름을 두른 뒤 대파, 마늘, 생강을 넣고 볶다가 간장 1작은술, 청주 1작은술을 넣고 죽순채, 익힌 돼지고기를 넣은 뒤 춘장과 굴소스 1작은술, 설탕 1작은술, 물 1/3을 넣고 끓으면 물녹말로 농도를 맞춘 후 참기름을 넣어 완성한다.

8 물에 담가둔 파채의 물기를 제거하고 도넛 모양으로 접시에 깔고 그 위에 볶은 짜장고기를 올려 완성한다.

핵심요약

⁕ 생짜장은 반드시 볶아서 사용한다.

⁕ 고기를 채썰 때 길이와 크기가 일정해야 한다(너무 두꺼우면 안 된다).

⁕ 대파는 가늘게 썰어 물에 담가서 매운 향을 제거하고 물기를 제거한 뒤에 사용한다.

⁕ 고기에 달걀흰자를 너무 많이 넣지 않도록 주의한다.

Cooking Tip

숙련된 기능	주요 실수사례	양념비율 정리
• 춘장 볶는 기술에 능숙함	• 춘장을 볶을 때 타는 경우	• 춘장볶음 시 비율 : 춘장 2큰술, 식용유 3큰술 • 물녹말의 비율 : 녹말가루 1큰술 : 물 2큰술

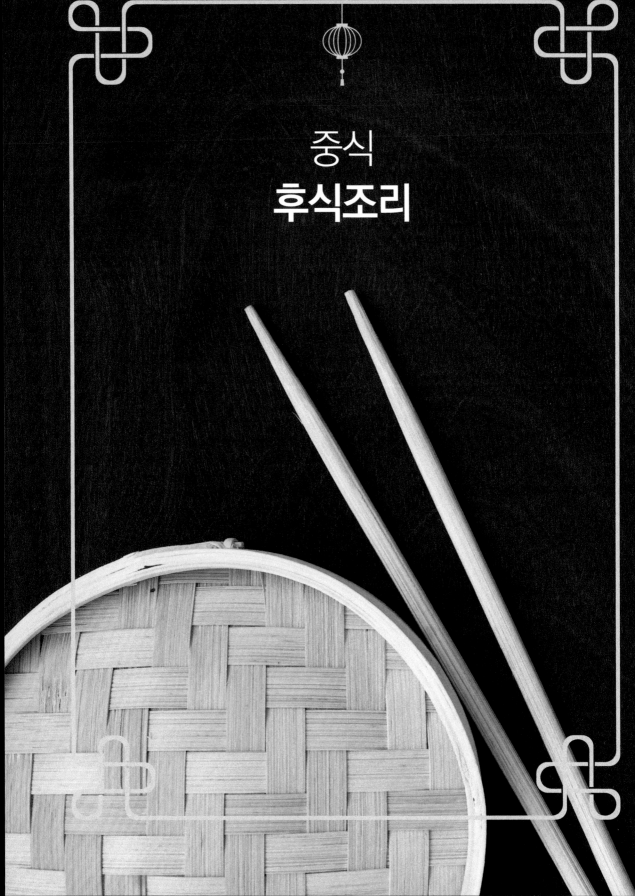

중식
후식조리

학습내용	평가항목	성취수준		
		상	중	하
후식 준비	주메뉴의 구성을 고려하여 알맞은 후식 요리를 선정할 수 있다.			
	표준 조리법에 따라 후식 재료를 선택할 수 있다.			
	소비량을 고려하여 재료의 양을 미리 조정할 수 있다.			
	재료에 따라 전처리하여 사용할 수 있다.			
더운 후식류 만들기	메뉴의 구성에 따라 더운 후식의 재료를 준비할 수 있다.			
	용도에 맞게 재료를 알맞은 모양으로 잘라 준비할 수 있다.			
	조리 재료에 따라 튀김 기름의 종류, 양과 온도를 조절할 수 있다.			
	재료 특성에 맞게 튀김을 할 수 있다.			
	알맞은 온도와 시간으로 설탕을 녹여 재료를 버무릴 수 있다.			
찬 후식류 만들기	재료를 후식 요리에 맞게 썰 수 있도록 지도한다.			
	후식류의 특성에 맞추어 조리할 수 있도록 지도한다.			
	용도에 따라 찬 후식류를 만들 수 있도록 지도한다.			
후식류 완성	후식 요리의 종류와 모양에 따라 알맞은 그릇을 선택할 수 있다.			
	표준 조리법에 따라 용도에 알맞은 소스를 만들 수 있다.			
	더운 후식 요리는 온도와 시간을 조절하여 빠스 요리를 만들 수 있다.			
	후식 요리의 종류에 맞춰 담아낼 수 있다.			

 학습자 결과물

빠스옥수수

拔絲玉米 | bá sī yù mǐ

요구사항

※ **주어진 재료를 사용하여 다음과 같이 빠스옥수수를 만드시오.**

❶ 완자의 크기를 지름 3cm 공 모양으로 하시오.

❷ 땅콩은 다져 옥수수와 함께 버무려 사용하시오.

❸ 설탕시럽은 타지 않게 만드시오.

❹ 빠스옥수수는 6개 만드시오.

지급재료

옥수수(통조림, 고형분) 120g, 땅콩 7알, 밀가루(중력분) 80g, 달걀 1개, 백설탕 50g, 식용유 500㎖

만드는 법

1 옥수수는 체에 밭쳐 물기를 뺀 후 부드럽게 으깨어 다진다.

2 땅콩은 껍질을 벗긴 뒤 잘게 다진다.

3 다진 옥수수에 달걀노른자 1/2큰술과 밀가루 2~3큰술, 다진 땅콩을 같이 섞어서 약간 되직하게 반죽한다.

4 팬에 기름을 두르고 온도가 140℃ 정도 되면 옥수수탕 반죽을 왼손에 쥐고 지름 3cm 크기로 숟가락으로 떼어서 노릇하게 튀겨낸다.

5 팬에 설탕 3큰술, 식용유 1큰술을 넣고 얇게 펴서 설탕이 녹은 뒤 연한 갈색빛이 나도록 시럽을 준비한다.

6 접시에 식용유를 발라 완성접시를 준비한다.

7 시럽에 튀긴 옥수수를 넣고 실이 나게 재빠르게 버무린다.

8 완성접시에 붙지 않도록 실이 보이도록 보기 좋게 담아 낸다.

핵심요약

❀ 옥수수는 수분을 반드시 제거한다.

❀ 팬의 온도가 너무 높아 설탕이 타지 않도록 주의한다.

❀ 밀가루를 너무 많이 넣지 않도록 주의한다.

❀ 완성접시에는 식용유를 미리 발라둔다.

❀ 튀긴 옥수수 완자에 설탕시럽을 묻혀 조금 식힌 뒤에 실을 뽑는다.

❀ 완자의 크기를 일정하게 하며 반드시 6개를 제출해야 한다.

Cooking Tip

숙련된 기능	주요 실수사례	양념비율 정리
• 시럽을 능숙하게 만드는 기술	• 시럽이 타는 경우 • 반죽을 손바닥으로 굴려서 동그란 모양을 만드는 경우	• 설탕시럽 : 설탕 3큰술, 식용유 1큰술

빠스고구마

拔絲地瓜 | bá sī dì guā

※ **주어진 재료를 사용하여 다음과 같이 빠스고구마를 만드시오.**

❶ 고구마는 껍질을 벗기고 먼저 길게 4등분을 내고, 다시 4cm 길이의 다각형으로 돌려썰기 하시오.

❷ 튀김이 바삭하게 되도록 하시오.

고구마(300g) 1개, 식용유 1000㎖, 백설탕 100g

만드는 법

1 고구마는 껍질을 벗기고 길게 4등분하여 4cm 크기의 다각형 모양으로 돌려가면서 썬 후 찬물에 담가 전분을 제거한다.

2 수분을 제거한 고구마를 150℃ 정도의 튀김기름에 노릇노릇하게 튀겨낸다.

3 완성접시에 식용유를 발라 놓는다.

4 팬에 설탕 3큰술, 식용유 1큰술을 넣어 연한 갈색빛이 나도록 시럽을 준비한다.

5 ④의 시럽에 튀긴 고구마를 넣고 실이 나게 재빨리 버무린다.

6 완성접시에 붙지 않도록 실이 보이도록 담아 낸다.

핵심요약

* 고구마를 자를 때 각이 많이 나오도록 앞으로 굴려가면서 자른다.
* 고구마를 튀길 때 온도에 주의한다.
* 설탕시럽을 만들 때 온도가 너무 높아 타지 않도록 주의한다.
* 설탕시럽의 온도가 너무 높으면 실이 나오지 않으므로 주의한다.

Cooking Tip

숙련된 기능	주요 실수사례	양념비율 정리
• 시럽을 능숙하게 만드는 기술	• 시럽이 타는 경우 • 고구마가 안 익는 경우 • 시럽의 온도가 알맞지 않아서 실이 생기지 않는 경우	• 설탕시럽 : 설탕 3큰술, 식용유 1큰술

최신 중식조리

PART
03

고급요리

금사해삼

❖

金絲海蔘
jin si hai shen

청피망 50g, 홍피망 30g, 당근 30g, 생강 10g, 죽순 30g, 표고버섯 25g, 대파 50g, 마늘 15g, 불린 해삼 150g, 중하 10마리, 건고추 5g, 굴소스 15g, 참기름 2g, 소금 5g, 고추기름 25g, 두반장 15g, 설탕 3g, 녹말가루(감자전분) 50g, 식용유 300cc, 청주 10g, 간장 20g, 닭육수 200cc, 후춧가루 2g

만드는 법

1 해삼은 물에 불려 내장을 제거하고 깨끗하게 세척하여 통으로 준비한다.

2 청피망은 길이 4cm, 두께 0.2cm로 잘라서 준비하고 홍피망도 같은 사이즈로 썰어서 정선한다.

3 당근은 껍질을 제거하고 세척하여 길이 4cm, 두께 0.2cm로 썰어서 준비한다.

4 죽순은 편으로 잘라 길이 4cm, 두께 0.2cm로 썰어서 끓는 물에 한 번 데쳐서 준비한다.

5 표고버섯은 잘 불려서 길이 4cm, 두께 0.2cm로 썰어서 준비한다.

6 대파는 4cm로 잘라 길이로 4등분하여 준비하고, 1뿌리는 세척하여 다져서 준비하고, 생강과 마늘은 슬라이스로 썰어서 준비한다.

7 건고추는 길이 0.3cm로 송송 썰고 씨를 제거하여 준비한다.

8 새우는 껍질을 제거하고 깨끗하게 정선하여 전분으로 씻어 물기를 제거한 뒤 곱게 다져서 다져놓은 대파와 소금, 후춧가루, 참기름, 전분을 넣고 잘 버무려 소를 만들어 준비한다.

9 해삼은 안쪽 면의 물기를 제거하여 마른 전분을 골고루 뿌린 뒤 버무려 놓은 새우소를 알맞게 넣고 1cm로 잘라 마른 전분으로 옷을 입혀 준비한다.

10 팬에 기름을 부어 온도가 160~170℃가 되면 해삼을 넣고 노릇하게 튀겨서 기름을 제거한다.

11 팬에 고추기름을 넣고 대파와 마늘, 생강, 청주를 넣고 향을 내어 준비된 채소를 첨가하고 간장으로 밑간하여 한 번 더 볶는다.

12 육수를 첨가하고 화력을 줄인 뒤 양념을 첨가하고 튀겨놓은 해삼을 넣고 끓으면 물전분으로 농도를 걸쭉하게 조절한 다음 마지막으로 참기름을 넣어 접시에 담아낸다.

음식평가

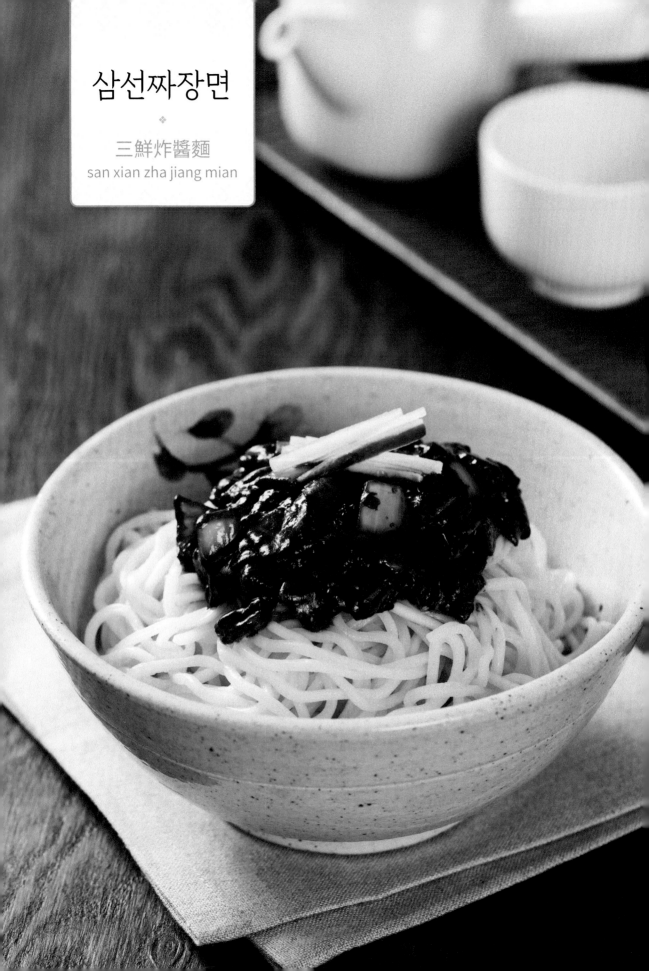

삼선짜장면

三鮮炸醬麵
san xian zha jiang mian

지급재료

춘장 50g, 양파 80g, 대파 20g, 생강 5g, 돼지고기(등심) 20g, 호박 20g, 배춧잎 20g, 오징어 10g, 새우 10g, 해삼 20g, 오이 10g, 설탕 20g, 조미료 5g, 참기름 5g, 녹말가루(감자전분) 5g, 육수 50g, 면 300g, 청주 5g, 간장 20g

만드는 법

1. 춘장은 기름을 넣고 고소한 향이 날 때까지 타지 않게 볶아서 준비한다.

2. 호박, 양파, 돼지고기는 2×2cm로 잘라서 준비하고, 대파와 배춧잎은 송송 썰고, 생강은 다져서 준비한다.

3. 오이는 가늘게 채썰어 고명으로 준비한다.

4. 오징어, 새우도 채소와 같은 사이즈로 잘라 뜨거운 물에 데쳐서 준비한다.

5. 팬에 기름을 약간 넣고 생강과 돼지고기를 넣어 볶다가 채소와 해산물을 넣고 청주와 간장으로 밑간을 하고, 볶아놓은 춘장을 넣어 다시 한번 골고루 볶아 양념을 하고 육수를 넣고 한 번 끓여 물전분으로 농도를 조절하고 참기름을 넣어 완성한다.

6. 면을 뜨거운 물에 삶아 차가운 물로 한 번 씻어 다시 뜨거운 물에 데쳐서 물기를 제거하고 그릇에 담아 준비된 짜장을 얹고 오이채를 올려 완성한다.

음식평가

삼선짬뽕

❖

三鮮炒麻麵
san xian chao ma mian

지급재료

대파 10g, 마늘 10g, 고춧가루 30g, 표고버섯 20g, 죽순 20g, 양송이 20g, 새송이 20g, 배추 20g, 호박 25g, 모시조개 15g, 홍합 40g, 참소라 30g, 건고추 10g, 청양고추 25g, 당근 30g, 오징어 20g, 중새우 10g, 양파 10g, 면 300g, 소금 15g, 후춧가루 3g, 조미료 2g, 청주 5g, 간장 15g, 고추기름 20g, 참기름 2g, 육수 300ml

만드는 법

1 대파는 4cm 크기로 잘라 4등분하여 준비하고 마늘은 편으로 준비한다.

2 표고버섯과 죽순은 편으로 썰고, 배추는 사선으로 칼을 눕혀 저며서 썰고, 호박과 당근, 새송이는 사선으로 잘라 마름모 형태로 만들어 다시 평편한 단면을 바닥에 붙여 마름모꼴로 자르고, 양파는 채썰어 준비한다.

3 건고추는 씨를 제거한 뒤 0.2cm 넓이로 잘라 놓고 모시조개와 홍합은 깨끗하게 손질하고, 참소라는 얇게 썰고, 오징어는 껍질을 제거하고, 대각선으로 칼을 눕혀 칼집을 넣고 다시 반대편으로 두세 번 칼집을 넣고 잘라 손질한 새우, 참소라, 모시조개와 같이 뜨거운 물에 데쳐서 준비한다.

4 면을 삶아 차가운 물에 씻어 다시 뜨거운 물에 데쳐서 그릇에 준비한다.

5 팬에 고추기름을 약간 넣고 파와 마늘, 양파, 건고추를 넣어 향을 내고, 준비된 해산물과 채소를 넣고 청주를 넣어 향을 내고 재빨리 볶다가 간장으로 밑간하고 고춧가루를 첨가하여 다시 한번 볶아준 다음 육수를 첨가하고 양념하여 준비된 면에 넣어 담아 낸다.

음식
평가

유산슬

熘三丝
liu san si

해삼 50g, 새우 30g, 돼지고기(등심) 50g, 표고버섯 30g, 죽순 30g, 양송이버섯 30g, 부추 20g, 대파 20g, 생강 5g, 마늘 10쪽, 팽이버섯 20g, 간장 20g, 조미료 2g, 소금 5g, 청주 10g, 참기름 5g, 후춧가루 2g, 전분 10g, 달걀 5g, 육수 50ml

만드는 법

1 새우는 껍질을 제거하고 깨끗하게 손질하여 준비한다.

2 고기는 핏물을 제거하고 결 반대방향으로 4cm 길이로 썰어 간장과 후추를 첨가하고 달걀과 전분을 넣어 준비한다.

3 해삼, 표고버섯, 양송이, 죽순, 후춧가루, 팽이버섯은 길이 4cm로 썰어서 준비한다.

4 파와 마늘, 생강은 채썬 뒤에 잘라서 준비한다.

5 물을 넣고 끓으면 해삼과 새우를 데쳐내고, 죽순과 양송이, 표고버섯도 데쳐서 준비한다.

6 팬에 기름을 넣고 온도가 오르면 준비된 돼지고기를 익혀 준비한다.

7 팬에 기름을 두르고 대파, 마늘, 생강을 넣고 향을 낸 다음 나머지 식재료를 첨가한 뒤 청주를 넣어 향을 내고 간장으로 밑간한 뒤 육수를 첨가하고 양념한 다음 고기를 넣고 물전분을 첨가하여 걸쭉한 농도로 조절하고 참기름을 넣고 마무리하여 접시에 담아 낸다.

음식
평가

누룽지탕

❖

鍋粑三鮮
guo ba san xian

지급재료

찹쌀누룽지 50g(4개), 중하 60g, 오징어 50g, 죽순 30g, 새송이버섯 20g, 청경채 20g, 해삼 20g, 그린 홍합 2개, 표고버섯 20g, 청피망 20g, 홍피망 20g, 녹말가루(감자전분) 10g, 마늘 10g, 대파 15g, 생강 5g, 굴소스 10g, 간장 15g, 육수 200ml, 소금 2g, 후춧가루 2g, 참기름 2g, 설탕 2g, 청주 5g

만드는 법

1 죽순과 표고버섯, 양송이버섯은 가로×세로 2cm 크기의 얇은 편으로 썰어서 준비한다.

2 청피망과 홍피망은 씨를 제거하고 새송이도 가로×세로 2cm의 마름모 형태로 잘라서 준비한다.

3 청경채는 줄기부분만 2~3cm로 자르고, 대파는 길이 4cm로 잘라서 4등분하고 마늘은 편으로 썰고, 생강은 슬라이스하여 준비한다.

4 그린 홍합은 깨끗하게 세척하여 준비하고, 새우도 껍질을 제거하고 해삼은 내장을 제거하고 깨끗하게 정선하여 준비한다.

5 오징어는 껍질을 제거하고 안쪽 면에 칼집을 넣어 길이 4cm, 넓이 2cm의 크기로 잘라 놓는다.

6 물을 끓여 새우, 오징어, 홍합, 해삼, 죽순, 표고버섯을 데쳐서 준비한다.

7 팬에 기름을 넣고 찹쌀누룽지는 150℃의 기름에 바삭하게 튀겨 기름을 제거하고 그릇에 담아 준비한다.

8 팬에 기름을 넣고 파, 마늘, 생강을 볶아 향을 내고, 데쳐놓은 해물과 채소를 넣어 간장으로 밑간한 뒤 조미용 술을 부어 향을 낸다.

9 다음 육수를 넣고 굴소스와 소금, 후춧가루를 넣어 양념을 하고 물전분을 첨가하여 농도를 조절한 다음 마지막으로 참기름을 넣어 튀겨놓은 누룽지 위에 끼얹어서 마무리한다.

음식
평가

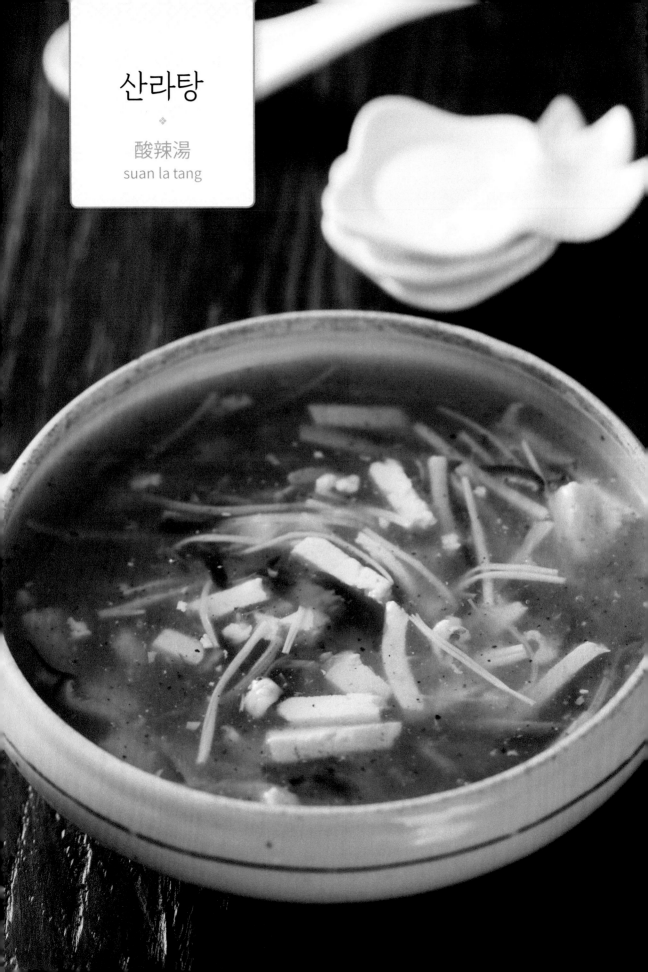

산라탕

❖

酸辣湯
suan la tang

지급재료

두부 20g, 표고버섯 20g, 해삼 15g, 죽순 15g, 팽이버섯 10g, 중새우 20g, 녹말가루(감자전분) 30g, 두반장 10g, 파 10g, 생강 3g, 식초 20g, 후춧가루 3g, 육수 150ml, 설탕 5g, 조미료 1g, 참기름 2g, 소금 0.5g

만드는 법

1 새우는 껍질을 제거하고 준비한다.
2 대파, 생강은 슬라이스하여 준비한다.
3 두부는 길이 5×0.3cm 두께로 굵게 슬라이스한다.
4 죽순과 표고버섯은 슬라이스하여 준비한다.
5 팽이버섯은 뿌리를 잘라 길이 5cm로 준비한다.
6 물을 끓여 새우, 해삼, 죽순, 표고버섯을 데쳐서 준비한다.
7 팬에 육수를 첨가하고 대파, 생강을 넣고 끓이다가 식재료를 넣고 양념한 다음 마지막으로 두부와 식초를 넣고 끓으면 물전분을 넣어 농도를 조절한 후 참기름과 핫소스를 첨가하여 그릇에 담는다.

음식
평가

옥수수게살수프

蟹肉玉米羹
xie rou yu mi geng

게살 50g, 옥수수알갱이 30g, 육수 200ml, 생강 10g, 대파 20g, 마늘 1개, 소금 1g, 조미료 1g·후춧가루 1g·청주 약간·참기름 약간, 굴소스 5g, 달걀 1개

만드는 법

1 게살은 해동시켜 힘줄을 제거하고 물기를 제거한 후 가늘게 찢어서 준비한다.

2 달걀은 흰자를 잘 저어 준비한다.

3 생강, 파, 마늘은 슬라이스로 썰어서 준비하고 옥수수알갱이는 잘게 다져서 준비한다.

4 팬에 육수와 파, 마늘, 생강을 넣고 끓인다.

5 게살과 옥수수 다진 것을 첨가하고 양념한 다음 끓으면 물전분을 넣고 걸쭉해지면 달걀흰자를 풀고 참기름을 넣어 그릇에 담아 낸다.

음식
평가

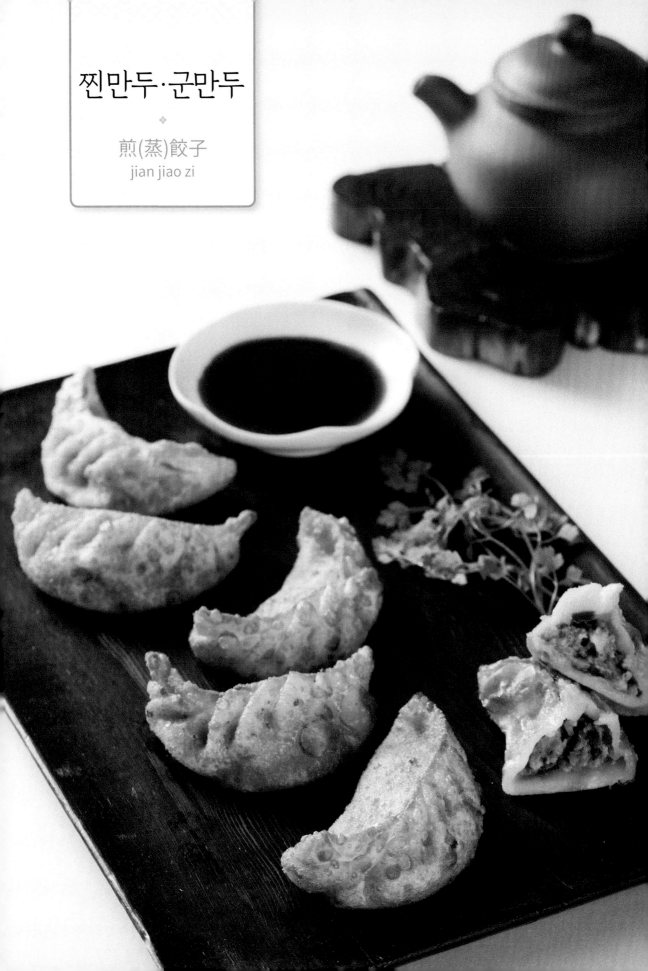

찐만두·군만두

❖

煎(蒸)餃子
jian jiao zi

감자전분 200g, 밀가루 3kg, 돼지고기(방심) 1kg, 쇠고기(방심) 1kg, 돼지비계(간 것) 1.5kg, 대파(1단) 500g, 부추(1단) 500g, 배추 50g, 간장 75g, 참기름 25g, 후춧가루 5g, 청주 5g, 설탕 10g, 조미료 7g, 생강 30g, 소금 50g, 굴소스 20g
• 7개 분량 : 돼지고기 70g, 비계 20g, 대파 1/2개, 부추 50g, 배추 50g, 생강 10g

만드는 법

1   물이 끓으면 소금을 넣고 물이 뜨거운 상태에서 밀가루에 조심스럽게 넣는다.

2   만두피 반죽(밀가루 3kg, 물 1L, 소금 50g)을 준비해 놓고 15분 정도 보자기(비닐봉투)에 덮어 발효시킨다.

3   돼지고기, 쇠고기, 비계는 다져서 준비한다.

4   파와 부추, 생강은 잘게 다져서 준비한다.

5   준비된 재료와 양념을 넣고 잘 섞어 소를 준비한다. (소가 너무 되직하면 물을 약간 첨가한다.)

6   반죽을 손으로 밀어서 찰지게 한 다음 작은 알갱이로 잘라서 밀대로 동그랗게 밀어서 소를 넣어 모양을 빚어 만든다.

7   찜솥에 물이 끓으면 얇은 보를 깔고 9~10분 정도 찜을 하여 찐만두로 완성한다.

8   찐만두를 식힌 뒤 팬에 기름을 두르고 군만두로 노릇하게 양면을 지져내도 된다.

음식
평가

새우마요네즈

❖

富貴鰕仁

fu gui xia ren

달걀 2개, 전분 30g, 식용유 500g, 양상추 1통, 양파 1개, 중새우 20마리, 조미된 땅콩(믹스넛) 30g

만드는 법

1 믹싱볼에 액상프리마와 설탕을 넣고 설탕이 녹을 때까지 충분히 저어준다.

2 설탕이 모두 녹으면 마요네즈를 첨가하여 골고루 저은 뒤 마지막으로 레몬즙을 짜서 마요네즈에 첨가하여 소스를 마무리한다.

3 새우는 껍질을 제거한 뒤 마른 전분을 넣고 새우를 충분하게 버무려 물로 세척한 후 건져서 등을 갈라 이물질을 제거하고 물기를 제거하여 준비한다.

4 양상추는 가늘게 슬라이스하여 찬물에 담가 아삭하게 한다.

5 땅콩이나 믹스넛은 도마 위에 물기를 제거하고 칼로 으깨서 준비한다.

6 양파는 슬라이스로 잘라 뜨거운 물에 데친 뒤 접시에 담아낸다.

7 새우는 달걀과 마른 전분을 입힌 뒤 새우를 손으로 꽉 쥐어 길게 펴서 준비한 다음 팬에 기름을 넣고 170~180℃에서 바삭하게 튀겨낸다.

8 접시에 먼저 끓는 물에 데친 양파를 접시 밑에 깔아 준비한다. 팬을 깨끗하게 세척한 다음 불에 올려놓고 70~80℃ 정도로 온도가 올라가면 마요네즈 소스를 담아 빨리 저으면서 튀긴 새우를 넣고 버무려 양파 위에 얹는다.(마요네즈 소스와 튀겨낸 새우를 그냥 버무려서 접시에 담아내도 무방)

9 마지막으로 땅콩(믹스넛)을 새우 위에 뿌려서 마무리한다.

• **소스** : 마요네즈 3.2kg(1통), 액상프리마 500ml(2개), 레몬 4개, 설탕 750g

음식
평가

깐쇼새우

❖

乾燒蝦仁
gan shao xia ren

지급재료

새우 200g, 달걀 1개, 대파 10g, 당근 50g, 청피망 20g, 홍피망 20g, 마늘 5g, 생강 5g, 청주 10g, 두반장 5g, 후춧가루 2g, 녹말가루(감자전분) 200g, 고추기름 30g, 케첩 60g, 설탕 30g, 참기름 2g, 완두콩 10g

만드는 법

1 새우는 내장을 제거하고 전분과 달걀로 버무려 튀김 준비를 한다.

2 채소는 1.5cm의 작은 사이즈로 정선하여 준비하고 대파, 마늘, 생강은 다져서 준비한다.

3 팬에 기름을 넣고 새우를 바삭하게 튀겨서 준비하고 팬을 씻어 기름을 조금 넣은 다음 온도가 오르면 준비된 채소를 첨가하고 청주를 넣어 한 번 볶은 다음 준비된 소스를 첨가하여 한 번 끓으면 물전분으로 농도를 조절하고 튀겨놓은 새우를 넣어 접시에 담아낸다.

- **소스** : 고추기름 2큰술, 케첩 1큰술, 두반장 1큰술, 청주 1큰술, 물 1/2컵, 식초 1큰술, 설탕 3큰술, 참기름 약간

음식
평가

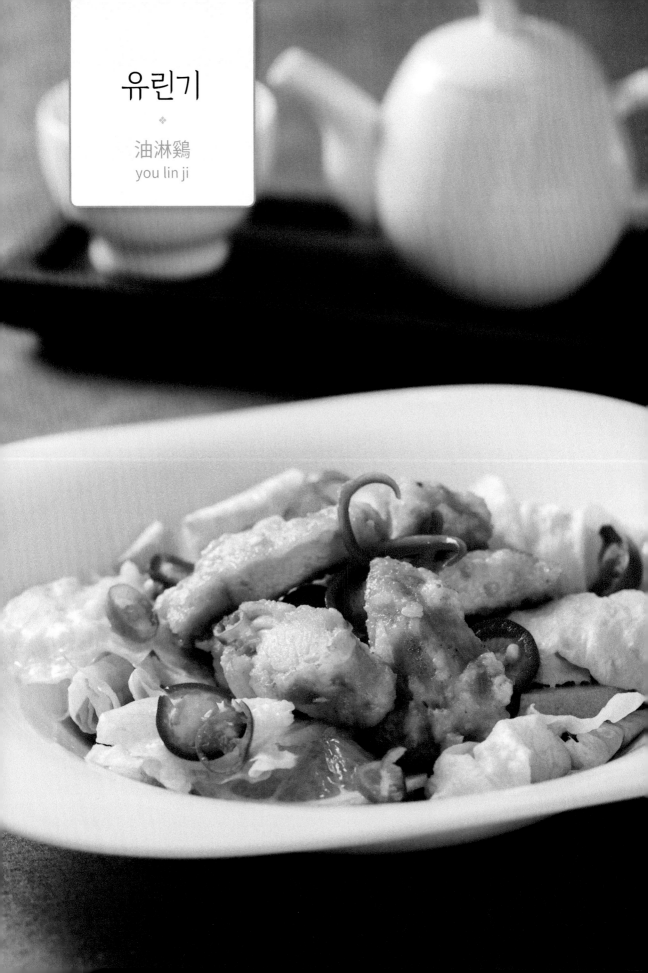

유린기

油淋鷄
you lin ji

닭고기(뼈를 발라낸 허벅지살) 500g, 소금 2g, 후춧가루 2g, 생강 5g, 감자전분 200g, 달걀 1개, 레몬 1개, 청양고추 1개, 홍고추 1개, 찹쌀가루 20g, 양상추 50g, 청주 5g, 간장 3큰술, 식초 3큰술, 설탕 3큰술, 참기름 1g, 다진 마늘 3큰술, 대파 10g

만드는 법

1 닭고기는 넓게 펴서 칼집을 넣은 다음 소금, 후추, 청주, 다진 생강을 다져 넣어 밑간을 한다.

2 불려놓은 물전분에 찹쌀가루, 달걀을 넣고 튀김옷을 준비한다.

3 기름의 온도가 150℃에 이르면 튀김옷 입힌 닭고기를 두 번 튀겨서 바삭하게 준비한다.

4 홍고추, 청양고추는 모두 송송 썰고, 양상추는 슬라이스나 편으로 준비하여 접시 밑에 깔거나 위에 뿌릴 수 있도록 잘라 차가운 물에 담가놓고 레몬은 반을 잘라 반은 즙으로 준비하고, 반은 편으로 잘라놓고 소스를 준비한다.

5 튀겨놓은 닭을 먹기 좋은 크기로 잘라 접시에 담고 소스를 닭 위에 끼얹고 양상추를 올리거나 접시 밑에 깔아 완성한다.

- **소스** : 간장 3큰술, 식초 3큰술, 설탕 3큰술, 레몬 1개의 즙과 편, 참기름 1g, 다진 마늘 3큰술, 청양고추 1개, 홍고추 1개

음식
평가

사천탕수육

❖

四川糖醋肉
si chuan tang cu rou

돼지고기 250g, 달걀 1개, 오이 30g, 죽순 50g, 생강 10g, 당근 50g, 양파 30g, 청피망 15g, 홍피망 15g, 통조림 파인애플 2쪽, 대파 20g, 설탕 60g, 물 200g, 감자전분 90g, A1 소스 50g, 케첩 60g, 간장 10g, 정종 10g, 식용유 1kg

만드는 법

1 생강 5g은 곱게 다지고 나머지 5g은 편으로 잘라 준비한다.

2 돼지고기는 깨끗하게 손질한 뒤 납작한 네모꼴로 썰어 다진 생강과 간장, 정종을 넣어 양념해 놓고 달걀은 그릇에 풀어놓는다.

3 오이, 죽순, 당근은 삼각형으로 굴려서 썰고, 양파, 청피망, 홍피망은 사다리꼴로 썰고 파인애플은 6등분으로 잘라주고 대파는 어슷썰기하여 준비한다.

4 팬에 기름을 넣고 기름의 온도가 160~180℃가 되면 양념한 고기를 달걀에 골고루 묻힌 뒤 마른 전분을 입혀서 기름에 바삭하게 튀겨 기름을 제거하고 접시에 담아준다.

5 팬에 기름을 조금 넣고 대파와 생강편을 넣은 다음 향을 낸다.

6 준비된 채소를 첨가하고 준비된 소스를 넣고 물전분으로 농도를 조절하여 고기 위에 부어준다.

• **소스** : 물 1컵, 케첩 2큰술, 설탕 3큰술, A1 소스 1큰술

음식
평가

삼선볶음밥

❖

三鮮炒飯
san xian chao fan

밥 100g, 대파 20g, 당근 20g, 오이 10g, 새우 25g, 완두콩 20g, 오징어 10g, 달걀 1개, 식용유 30g, 참기름 3g, 소금 10g

만드는 법

1 쌀을 불려 물기가 적게 밥을 지어 준비한다.

2 모든 채소는 0.5cm의 작은 사이즈로 잘라서 준비한다.

3 새우, 오징어, 완두콩은 깨끗하게 정선하여 뜨거운 물에 데쳐서 준비한다.

4 팬에 기름을 두른 뒤 달걀을 넣고 충분히 풀어준 다음 채소와 해산물을 넣고 밥을 넣어 재빨리 볶은 뒤 양념하여 그릇에 담아 낸다.

음식
평가

참고문헌

• 과서연 외, 『中国烹任百科全书』, 중국대백과전서출판사, 1992

• 김지응 외 4인, 『초보자를 위한 중국요리입문』, 2008

• 박정도, 『중국차의 향기』, 도서출판 박이정, 2001

• 심규호, 『연표와 사진으로 보는 중국사』, 2002

• 왕자휘 외, 『中国烹任全书』, 흑룡강과학기술출판사, 1990

• 이종기, 『술, 술을 알면 세상이 즐겁다』, 한송, 2001

• 텐쥐엔, 『中國主流消費市場研究報告』, 企業管理出版社 네오넷코리아, 2003

• 하헌수, 『NCS교육과정에 기반한 호텔 중국요리』, 백산출판사, 2015

• 한재원·안상란, 『기초 중식조리』, 백산출판사, 2015

• 허만즈, 『중국의 술 문화』, 에디터, 2004

• http://blog.naver.com/s105861?Redirect=Log&logNo=9...

• http://cafe.daum.net/pmss10102/2v6N/368?docid=bYEA|2v6N|368|20110101
  021735&q=%C1%DF%B1%B9%C1%F6%B5%B5

• http://davansa.co.kr/

• http://myhome.naver.com/niwiht/main.htm

• http://myhome.thrunet.com/%7Eykj77/chtea.html

• http://ko.wikipedia.org/wiki/%ED%95%B4%EC%84%A0%EC%9E%A5

• http://terms.naver.com/entry.nhn?cid=2694&docId=769499&mobile&ca
  tegoryId=2699

• http://terms.naver.com/entry.nhn?cid=2698&docId=887455&mobile&ca
  tegoryId=2698

• http://www.chinainkorea.co.kr/

• https://www.ncs.go.kr/unity/th03/ncsSearchMain.do

저자 소개

한재원

- 현) 정화예술대학교 디저트조리학부 교수
- 강릉영동대학교 호텔조리과 졸업
- 중국북경공상대학교 호텔관리전공 조리학과 졸업
- 경기대학교 관광전문대학원 외식산업경영학과 석사
- 경기대학교 외식조리관리학과 관광학 박사
- 원광보건대학교 외식조리산업과 교수
- 신성대학교 호텔식품계열 겸임교수
- 한국산업인력공단 조리기능사 실기시험감독위원
- 대한민국 국제요리경연대회, FOOD AND TABLE 경연대회, 빛고을향토음식경연대회 심사위원
- 전북음식문화대전 심사위원장
- 쉐라톤워커힐 조리사
- 한국음식문화전략연구원 이사
- 2011년 대한민국요리경연대회 보건복지부장관상 수상
- 저서 : 초보자를 위한 중국조리입문, 꼭 알아야 할 기초 중식요리
- 논문 : 호텔 중식주방 한·중조리종사원의 갈등요인 분석에 관한 연구 외 다수

김덕한

- 현) 대덕대학교 호텔외식조리과 교수
- 세종대학교 생명식품공학과 석사
- 세종대학교 조리외식경영학과 조리학 박사
- 그랜드인터콘티넨탈호텔 조리부 주임
- 삼성 웰스토리 중식 자문위원
- 한국산업인력관리공단 중식조리 실기 심사위원

김문호

- 현) 인천재능대학교 호텔외식조리과 교수
- 세종대학교 일반대학원 외식경영학 석사 및 박사

김태인

- 현) 한국관광대학교 호텔조리과 교수
- 상명대학교 일반대학원 이학박사
- 서울 프라자호텔 조리팀 근무
- 동아시아 미식협회 정회원
- 한국외식경영학회 상임이사

박재문

- 현) 인천재능대학교 호텔외식조리과 겸임교수
- 경희대학교 호텔조리과 졸업
- 한성대학교 경영대학원 호텔관광외식과 졸업
- 웨스틴조선호텔 수석주방장

하태기

- 현) 롯데호텔 라센느 조리장
- 현) 백석예술대학교 외식학부 겸임교수
- 경기대학교 외식산업경영학 석사
- 경기대학교 외식경영학 박사
- 국가공인 조리기능장
- 한국산업인력관리공단 조리기능장, 조리기능사 실기 감독위원
- 지방기능경기대회 심사위원

최신 중식조리

2022년 7월 25일 초 판 1쇄 발행
2024년 7월 25일 제2판 1쇄 발행

지은이 한재원·김덕한·김문호
　　　　 김태인·박재문·하태기
펴낸이 진욱상
펴낸곳 백산출판사
교　정 박시내
본문디자인 신화정
표지디자인 오정은

등　록 1974년 1월 9일 제406-1974-000001호
주　소 경기도 파주시 회동길 370(백산빌딩 3층)
전　화 02-914-1621(代)
팩　스 031-955-9911
이메일 edit@ibaeksan.kr
홈페이지 www.ibaeksan.kr

ISBN 979-11-6639-450-8　13590
값 23,000원